本书获国家社会科学基金“十一五”规划2009年度教育学一般课题
“家庭环境和学校环境对儿童心理理论发展的影响”（BBA090068）资助

人的发展与创造丛书

刘华山　周宗奎■主编

儿童心理理论的发展

莫书亮◉著

中国社会科学出版社

图书在版编目（CIP）数据

儿童心理理论的发展／莫书亮著．—北京：中国社会科学出版社，2014. 12

（人的发展与创造丛书／刘华山，周宗奎主编）

ISBN 978 - 7 - 5161 - 2645 - 5

Ⅰ．①儿…　Ⅱ．①莫…　Ⅲ．①儿童心理学—研究　Ⅳ．①B844. 1

中国版本图书馆 CIP 数据核字（2014）第 241798 号

出 版 人　赵剑英
责任编辑　凌金良　陈　彪
特约编辑　杜淑英等
责任校对　刘　姗
责任印制　张雪娇

出　　版　中国社会科学出版社
社　　址　北京鼓楼西大街甲 158 号（邮编 100720）
网　　址　http://www.csspw.cn
　　　　　中文域名：中国社科网　　010 - 64070619
发 行 部　010 - 84083685
门 市 部　010 - 84029450
经　　销　新华书店及其他书店

印刷装订　北京金瀑印刷有限公司
版　　次　2014 年 12 月第 1 版
印　　次　2014 年 12 月第 1 次印刷

开　　本　710 × 1000　1/16
印　　张　15
插　　页　2
字　　数　244 千字
定　　价　46.00 元

凡购买中国社会科学出版社图书，如有质量问题请与本社联系调换
电话：010 - 84083683
版权所有　侵权必究

目　录

“人的发展与创造丛书”总序

人类文明自进入21世纪以来，人的和谐发展与创造行为在个体和群体意义上都已经成为整个社会科学领域明确而重要的研究主题。不同领域的学者纷纷从各自特有的视角出发，开展了卓有成效的探索。“发展与创造”在理论研究和社会实践中都已经逐渐成为这个历史时代具有鲜明特色的追求。

对于不同的历史文化背景和不同的社会经济水平，发展与创造无疑有着十分不同的内涵。与政治学、社会学和经济学等学科的视角不同，心理学研究着重关注人的发展过程和创造行为的内在属性与微观过程，关注个体和群体行为的基本模式与机制，关注发展与创造在人类活动中表现出的共同特点及其影响因素。

近年来，积极心理学正在成为颇受社会关注的专业思潮，成为心理学家影响公众生活的重要声音。毫无疑问，发展与创造正是积极心理学关于人类自身探索和未来社会理想的最具代表性的题中之义。中国的经济发展和社会进步，突显了人的行为状态与价值取向问题对于心理学的意义，也促使心理学研究者更多地探讨人的发展与创造的问题。心理学可以从多个角度探索人的心理和谐发展以及发展与创造的关系。可以说，人的和谐发展和创造性，已经成为心理学家们普遍关注的问题。“人的发展与创造丛书”正是在这种背景下应运而生的。

本丛书围绕“人的发展与创造”这一主题，基于实证研究，深入探索了人格发展、社会创造性、认知与社会性发展的关系等一系列重要的理论问题。同时，丛书基于积极心理学取向，回应社会进步对心理学研究的需求，对促进人的心理健康发展与社会积极导向具有重要的现实意义。丛书涉及人的社会性与人格发展、认知发展、社会创造性发展等领域，都与社会普遍关注的人的生存与发展状况密切相关，所涉及的实践应用层面的问题包括个体人格的发展和促进、个人社会关系的建立、心理健康教育、创造性的培养，等等。其中，既涉及个体的发展和创造问题，又涉及群体、社会的发展和创造问题。探索人的健全发展与创造规律，促进个人与社会的积极心理导向，是本丛书的主旨所在。

本丛书作为学术性系列著作，试图更好地体现科学性、前沿性和创新性。

首先是力求选题立意新颖。从丛书的选题来看，涉及社会创造性心理、社会性和人格发展、儿童社会认知发展、同伴关系发展以及中国传统文化与人格等前沿课题。如《社会创造心理学》采用历史测量学的方法，考察著名人物的社会性创造能力的发展；《儿童心理理论发展研究》关注儿童对他人心理状态的理解发展这一主题。从认知进化、个体发展、群体动力、文化背景等不同视角深入考察了相关主题。本丛书选题尝试在新的学科领域进行开拓性研究，对于心理学研究的选题拓展很有意义。

其次，在研究方法上力求创新，选择采用理论与实证结合的研究方式。针对上述研究问题，丛书作者在借鉴以往研究的基础上，综合采用了心理学的各类研究方法，包括量的研究方法和质性研究方法等，以问卷调查、实验研究和文献分析方法为主，还尝试采用了历史心理学的研究方法，选取了特殊人物作为研究对象，系统分析了其创造性人格的发展历程。作者们根据中国的文化背景，尝试改进已有的研究工具、研究手段，努力深入客观地考察问题，以保证其研究结论建立在科学方法的基础之上。

再次，力求观点创新。在已有的相关文献的基础上，立足于作者自身开展的系列研究，丛书作者得出了一系列规律性的结论，并结合个体和社会发展的实际情况，提出一系列新的观点以及相应的教育建议和引导措施，对心理发展与创造性的促进提出了很多具体的建设性意见。

特别需要说明的是，本丛书的出版也是心理学学科建设的一种努力。近年来，我国心理学研究与人才培养得到了长足发展，各类心理学研究机构和教学单位纷纷成立，心理学学科建设水平也在迅速提高。一方面，心理学专业方向不断分化、细化，分支学科不断增多；另一方面，不同的方向和分支学科也在不断整合、相互影响。本丛书的出版体现了心理学学科发展的这一趋势。丛书融合了各个主要的专业方向，整合了不同的研究领域。就专业方向而言，本丛书包括基础心理学和应用心理学，具体又包括发展心理学、教育心理学、社会心理学、人格心理学等专业方向。就研究领域而言，丛书涉及个性社会性发展、社会交往、认知发展、心理辅导和心理健康教育、人际关系等不同方面。但是，"发展与创造"这一主题以其积极取向和丰富内涵贯穿于上述各个领域。本丛书也试图体现出心理学学科的分化和整合的双重特点。

丛书作者都是心理学专业教师，他们在上述研究领域进行了长期的探索。各位作者本着认真负责、求实严谨的学术精神和写作作风，力求做到资料详实，方法科学，立论有据。在语言表达上争取学术性和可读性的结合，以使心理学研究走出孤独的自娱自乐的圈子，回应大众和社会发展的需要，体现心理学研究的应用价值。我们也期待本丛书的出版能够启发更多的研究，为心理学的发展和应用尽绵薄之力。

对在本丛书出版过程中给予各种支持的华中师范大学学科建设部门和科研部门的同事，致以深深的谢意。感谢中国社会科学出版社对出版本套丛书的支持，感谢在出版过程中付出辛勤努力的陈彪先生和各位编辑，正是他们的辛勤劳动使本丛书得以顺利付梓。

由于编著者水平所限，丛书肯定有一些不足之处，恳请读者批评指正。

刘华山　周宗奎

2014 年 11 月

第一章

引子：心理理论研究的由来

人类是地球上的万物之灵，是因为他们有思想。

——笛卡尔

第一节 引子："心理理论"研究起源

我们经常在电视荧屏上看到这样一幕：在某晚会现场的舞台上，一个3岁的小女孩在歌唱比赛之后获得了一个布娃娃玩具，主持人友好而善意地蹲在她的旁边，跟她很正式地说："你好，把这个玩具送给我吧。"小女孩一时不知所措。我们成人都知道主持人在开一个善意的玩笑，但小女孩也许并不了解主持人的真实意图，不知道如何应对这种情景，所以也不知道自己应该怎么做。我们也经常遇到这样一种场景，一群人正在屋子里开会，正当大家热烈地讨论问题的时候，一个人忽然推开门，什么也没有说，只是打量了一下屋子里的人，然后把门关上离开了。这时候你会怎么想呢？也许你认为他可能要找某个人，而他要找的人并不在屋子里，所以他就关上门离开了。读过我国古典小说《三国演义》的人，都应该比较熟悉小说中一个惊心动魄的故事情节，那就是"诸葛亮大摆空城计"。诸葛亮在军情紧急情况下无奈地使出空城计，冒了很大的风险，但是最后却吓退了引兵而来的魏将司马懿。司马懿看见诸葛亮端坐在城楼上，笑容可掬地焚香弹琴。城门里外，二十多个百姓模样的人在低头洒扫，旁若无人。司马懿在城壕前思量一番，遂作出了退兵的决策，诸葛亮带领众官员得以从容撤退。司马懿为什么做出退兵的决定？司马懿又是如何猜测诸葛亮的心思的呢？他的二儿子司马昭问父亲："莫非诸葛亮家中无兵，所以故意弄出这个样子来？父亲您为什么要退兵呢?”司马懿答说：“诸葛亮一生谨慎，不曾冒险。现在城门大开，里面必有埋伏，我军如果进去，正好中了他的计策。”

在以上事例中，他人在某种情境下所做出的某种行为都是有原因的。我们在很多类似的场合都要对他人的行为进行理解和解释。那个小女孩可能在考虑，主持人想要自己的玩具，是否给他呢；也许小女孩愣在那儿什么也没想，因为她可能搞不明白真假，所以在犹豫着不知道该给还是不该给。这实际上就是对他人愿望和意图的理解。在第二种情境下，如果你推测那个人看一看他找的人是否在屋子里，那么这就是通过对他人意图的理解来解释行为。魏将司马懿为什么中了诸葛亮的计策，因为他觉得，诸葛亮在城外城里埋伏了军队，不能上当。这是通过对信念或观念的理解来解释司马懿的行为。虽然对他人行为的理解都离不开外在的环境，但最后基本上都把行为的发生归结为某种心理动因。也就是说，人们之所以做出某种行为，大多是有其心理动因的。这些心理动因可能是实现一种愿望，可能是达到某种目的和意图，可能是出于某种认识和信念，也可能是由于某种情绪或某种知识状态。总之，我们作为一个生活在社会中的个体，明白了人的行为是有心理原因的，那么就会自觉不自觉地利用这些心理动因来解释人的行为。

在社会生活中，我们会建立起这样一套对人的行为进行心理解释和归因的系统。拥有这种系统，我们可以理解人的心理，并依据自己的理解来解释和预测人的行为。这种系统存在的一个原因是，我们必须生活在社会世界中，就如同我们要处理与自然的关系一样，我们也要处理与他人和社会的关系。处理与自然的关系，我们拥有一些朴素的观念和后天获得的知识系统，例如，关于自然现象的理解，关于生命现象的理解。处理与他人和社会的关系，要获得一些关于人的心理的知识和观念，这些知识和观念是个体适应社会生活、与其他社会个体互动、处理人际关系、做出符合要求的行为所必不可少的。相对来说，对人的心理的理解要比对自然现象的理解更复杂和困难，不但因为人的心理具有很大的主观性，而且因为它是不可直接观察的。即便作为成人，我们也时常会对别人的行为和心理感到困惑，不知道某个时刻他人在思考什么，怎么思考。同样的事情，对于不同的个体来说，思考的方式和结果可能是完全不同的。对于幼儿来说，对他人心理的理解可能更加困难。但是对他人心理理解的能力也在不断发展，例如，儿童逐渐了解到，对于同样的事情，不同的人可能站在不同的角度进行考虑。比如自己喜欢的一件衣服，别人可能不喜欢；而他人喜欢的衣服自己可能也不喜欢。也许对于一个人来说，对人心理的理解是一个终生的任务。

关于对心理的理解和对行为的心理归因，心理学研究者使用了一个术语，就是本书讨论的主题“心理理论”（theory of mind）。在中文文献中，起初有译成“心的理论”或“心灵理论”。后来，国内研究者在发表的研究报告和论文中，统一采用“心理理论”这一术语。这个术语最早出现于普瑞马克和伍德拉夫（Premack，D. & Woodruff，G.）的一篇题为《黑猩猩有心理理论吗?》的论文中，该论文于1978年发表在《行为和大脑科学》杂志上。普瑞马克和伍德拉夫在实验中，给一只叫莎拉的黑猩猩看一个人（实验者）试图解决一个实际问题的录像，然后再给它看四张解决问题的图片。结果莎拉能从所给的图片中选择属于正确解决办法的那张。研究者认为，黑猩猩能理解人的目的和意图。他们提出，某人如果出现“要”、“想”或者“相信”等心理活动时，这种心理活动就可能成为他行为的原因，而对这些心理活动的理解，并依据这种心理状态理解来预测他人的行为，就是心理理论。为什么叫“心理理论”，他们有一段话这样写道：

“一个个体如果能够归因自我或他人的心理状态，就说明他拥有了心理理论。这种推论系统之所以被看作一种理论，是因为心理状态是不可观察的，而且可以用来预测他人的行为。”

黑猩猩到底能否推测心理状态，它们是否拥有心理理论，留待以后讨论。这里的心理状态指的有哪些呢？普瑞马克和伍德拉夫提出，人类所能推测的心理状态包括意图和目的、知识和信念、思维、怀疑和猜测、假装、喜欢等。这篇著名文献可以说是一个新的研究领域的肇始，随后，发展心理学家把“心理理论”概念引入儿童发展研究领域，并逐渐形成了一个新的浪潮。斯坦福大学的J. H. 弗拉维尔（John Hurley Flavell）把这个领域的研究看作继皮亚杰认知发展研究和元认知研究之后的第三个浪潮。迄今为止，心理理论研究范围不断扩展，引起了大量研究者的关注，仍是发展心理学和许多相关领域的研究热点。

“心理理论”这个“瓶子”里装了很多东西，有些研究者认为，“心理理论”这一术语虽新，但其思想和研究的对象与内容，却是哲学家和心理学家很早就开始探讨的。比如关于人的心灵的理解，关于“朴素认识论”（folk epistemology）的探讨，皮亚杰关于自我中心和观点采择能力的研究等。所以有人认为，“心理理论”术语只不过是新瓶装旧酒而已。但应该说，这个领域的研究还是提出了一些新的研究方法，对以前有关的研究结果进行了扩展和深化。很多研究者接受和使用了普瑞马克和伍德拉夫提出的“心理理论”的概念，也有一些研究者根据这种思想和自己的研究，提出了一些类似的概念。接下来我们讨论有关心理理论概念的发展。

第二节 心理理论的概念

前文提到，“心理理论”的术语来自普瑞马克和伍德拉夫关于黑猩猩研究的基本概念，但后来激起发展心理学领域广泛研究热潮的是丹尼特（Dennett，D. C.）对普瑞马克和伍德拉夫研究文章的一篇评论，评论关注的问题主要是怎么衡量黑猩猩是否拥有信念。丹尼特（1978）在评述文章中提到一种实验范式，在实验中，人物甲把某物体（如一个圆球）放到了盒子 A 里，然后离开了现场，之后，实验者把该物体从盒子 A 里拿出来，并放到盒子 B 里，那么，人物甲回来后会去盒子 A 里找那个东西。这里所谓的“范式”，是美国的科技哲学学者托马斯·库恩（Thomas Kuhn）提出的一个概念，它指的是按照某一比较公认的路线或观点所采取的研究方向或研究步骤，或者是科学家共同体所接受的一组假说、理论、准则和方法的总和。范式能够为科学研究提供可模仿的成功的先例。某种实验范式，实际上就是相对固定的实验程序，它的设计目的，一是用来清晰准确地描述一种新现象，二是用来检验某种假设。1983 年，奥地利的心理学家海因茨·韦默（Heinz Wimmer）和约瑟夫·佩尔奈（Josef Perner）根据丹尼特的范式发展出适用于儿童的一种研究方法，就是错误信念测量范式。所谓错误信念（false belief），指的是一个个体所拥有的信念是与现实不一致的信念。与它相对的是正确的信念，即正确反映现实或者与现实相一致的信念。例如在上文提到的实验中，人物甲在离开现场前，把物体放到了盒子 A 里，那么他关于物体位置的信念应该是：他认为物体在盒子 A 里。而如果物体确实在盒子 A 里，那么他的这种信念就与现实状况一致，是正确的信念。但是现在物体实际上已经被转移到了盒子 B 里，这时，他还认为物体在盒子 A 里，则他的这种信念就是错误的信念。相比来说，这种错误信念的测量范式更能表现出个体是否理解信念，因为它能够通过行为实验进行检测，我们可以通过分析被测验者的回答，以观察其是否能够对他人的行为进行正确的心理状态归因。

关于心理理论的概念，核心的内涵仍然源自普瑞马克和伍德拉夫的解释。但之后，心理学家在研究中做了进一步的界定。首先，为什么叫作心理理论呢。研究者解释道，儿童理解他人的心理状态和解释他人的行为，必须建立起一套逻辑系统，就是对意图、愿望、信念和情绪等心理状态的理解系统，这个过程就像科学研究中建立科学理论的过程一样。科学家通过自己的观察和实验，建立起理论系统，继而用这些理论认识和解释现象，并预测事物之间的关系。而儿童建立起来的心理理论系统与此类似，并且心理理论系统的发展也随年龄发展和社会交往范围的扩大而不断自动化、精细化和复杂化。

奥斯汀顿（Astington，1991）认为，心理理论就是个体能够理解他人的心理和情感，并且可以用来预测和解释人的行为的能力。这里关键有两点，首先是，一个个体（社会群体中的人或非人灵长类动物）要明白其他个体拥有心理状态，如前文所述的愿望、目的和意图、思想和情感、信念和知识。其次，可以利用这种对心理状态的理解来解释或预测其他个体的行为。有哲学家说过，人是地球上最高贵的动物，是万物之灵，是因为人有思想，人有心灵。这首先是讲人有意识，如果说一般动物的行为基本上来自本能，那么作为高等动物的人除了本能之外，还有思想，比如人拥有抽象的信念。另外，人作为社会性动物，其行为除了受本能的支配外，还要受到社会规则、社会习俗的支配。从这两点看，心理理论概念实际上包括了不同层次的问题。第一个层次的问题，就是理解人是有思想的。它的基础是对人的知觉和理解。婴儿出生后，开始通过外部感觉器官，对外部世界进行感知。由于其基本的运动能力、语言能力和认知功能的限制，只能依靠基本的感知觉功能。例如，婴儿在摆弄玩具过程中，经常拿起一个玩具往嘴里放，并进行撕咬。实际上这是在利用嘴的功能对物体进行感知。但因为对人缺乏正确的知觉，所以，把别人的手指放到自己嘴里的时候，婴儿会像咬一个小猪塑料玩具一样用力咬，因为他不知道咬别人的手指后，别人会感到疼痛。但等到别人做出很痛苦的反应和缩回手指的行为后，婴儿开始知道自己的行为可能给别人带来的后果。这就是对人的知觉。后来婴儿逐渐把人和无生命的物体区分开，把人和其他动物区分开。婴儿逐渐意识到人和其他事物的一个区别是，人有主动的意图、愿望和情绪，以及更为抽象复杂的信念。第二个层次的问题是个体要理解他人的心理状态。也就是说，婴儿逐渐理解，人的行为可以是有意图、有目的的，也了解到愿望的实现与否会带来相应的情绪等。例如，幼儿知道如果自己不乖，就不能得到自己想要的玩具。逐渐也会了解别的儿童可能像自己一样也会有同样的愿望。第三个层次的问题是，要理解人的行为可能是依据某种心理状态。这个层次的理解比较抽象，正像普瑞马克和伍德拉夫所说，行为背后的心理动因是不可直接观察的，所以对儿童来说，达到这个层次是一个很大的进步。第四个层次的问题，是个体要能在对他人心理状态理解的基础上正确地解释和预测行为。这个层次实际上属于心理理论能力的应用。儿童能够理解他人的心理状态，这还远远不够，只有通过社会交往和实践训练，才能达到应用的程度。

研究者对心理理论概念的内涵一直在进行探讨。有心理学家把心理理论分为两个过程，就是心理理解能力获得的过程和心理理论能力应用的过程。前者是指对各种心理状态的理解，如理解人的信念状态；后者是指用这种信念状态的归因来解释人的行为。这种区分可以解释某些人群（比如精神分裂症个体）能理解他人的某些心理状态，但不能在现实生活中应用，表明这两个过程在一定程度上可能相互独立。H. 塔格 - 弗拉斯伯格（H. Tager-Flusberg）和 K. 沙利文（K. Sullivan）（2000）根据来自韦廉姆斯综合征的实验证据，从个体信息加工的理论出发，把心理理论区分为社会知觉成分和社会认知成分。社会知觉成分是根据人的表情和姿态对心理状态的内隐加工，主要是对人的知觉。社会认知成分是在社会知觉成分基础上，对人的心理状态进行表征和加工，借此对人的行为进行解释和预测。

关于心理理论的性质，有人认为，它是一种社会认知能力或社会智力，是个体处理与他人的关系，适应社会生活必不可少的一种能力。著名的瑞士心理学家皮亚杰（Jean Piaget，1896—1980）做了很多关于儿童对心理世界认知的开创性实验。如关于儿童自我中心的研究，他认为，儿童到了6岁才拥有关于心理的认识，之前对事物的观察处于以自我为中心的状态。在他设计的著名的“三山实验”（如图1.1所示）中，在一个立体沙丘模型上错落摆放了三座山丘，还有一些树木和动物，儿童坐在实验者对面，首先让儿童观察这座模型，然后给儿童看四张从不同方位拍摄的照片，让儿童选出实验者看到的沙丘情境图片。3至4岁的孩子几乎都选出和自己看到的沙丘一样的情境图片。这表明儿童还不具备观点采择能力，即从他人的角度来看待事物的能力。应该说皮亚杰是此领域研究的真正开创者。

图1.1　皮亚杰的三山实验

关于心理理论的概念，随后有研究者提出了名称不同但含义近似的术语，剑桥大学的发展病理学教授巴伦-科恩（Baron-Cohen，1997）在关于孤独症患者的心理理论研究中使用了“读心”（mind-reading）的概念，它指的是，根据表情和姿态线索理解他人的心理状态。存在注意、社会认知和语言损伤的孤独症个体表现出心理理论的缺损，巴伦-科恩称之为“心盲”（mindblindness）。弗里斯等（Frith，Morton & Leslie，1991）使用了心智能力（Mentalizing capacity）的术语来表达类似的含义。这个术语来自心灵主义（Mentalism），哲学上的心灵主义者赞成心灵感应观点，所谓心灵感应者常常指那些自称能洞察别人思想的人。“读心”或“心智能力”和心理理论常常具有同样的含义，通常指个体能够洞察别人的心理状态，这是社会生活和社会交往中必须具有的一种社会认知功能。

心理理论的概念内涵在研究早期常常依据测试的任务而定。如前面提到，韦默和佩尔奈提出了一种错误信念测验范式，研究者常常使用错误信念理解测试的成绩来代表个体（被试者）的心理理论能力。这应该是一种任务定义概念。在一定程度上，研究者把错误信念理解能力等同于心理理论能力。后来研究者发现这种理解使得心理理论的概念内涵变得狭窄了，个体所具有的心理理论能力，在儿童4—5岁能够理解错误信念之前已经得到发展，例如，幼儿已经可以理解愿望和简单的意图。应该说错误信念理解是心理理论发展的一个里程碑式的标志。这也使得后来的研究中，对心理理论的概念界定越来越清晰。

心理理论研究走过了30年的历程，产生了丰富的文献和成果。目前及以后很长一段时间内，这个领域仍是相关学科特别是发展心理学领域研究者关注的热点领域。下面简单回顾心理理论研究的发展脉络和走向。

第三节 心理理论研究:脉络和走向

心理理论研究首先在发展心理学领域开始、发展和兴盛，并激起了人类学、哲学、神经科学、医学等相关学科对此问题的研究，研究的主题、内容和方法也不断扩展和深化。关于儿童心理理论发展的实证研究和相应的理论探索是该领域研究的主流。从20世纪80年代初开始，30年来，国外丰富的研究文献和大量的研究结果充斥在各类相关专业期刊上，召开了各种心理理论主题的专业会议，出版了许多有代表性和总结性的专著、会议论文集和编著。国内研究者从上世纪80年代末开始，也逐渐关注这个领域，并开展了一些研究，在国内心理学专业杂志上发表了一些研究报告，如章方、桑标等人较早开展了此领域的研究。人们早期主要探讨儿童心理理论的发生与发展，儿童对各种心理状态的理解，如对愿望、信念、目的和意图、知识状态、情绪等的理解，以及儿童心理理论发展的机制。如儿童什么时候开始理解错误信念，儿童对行为解释和预测的机制。这些研究改变了人们对儿童心理发展水平的认识，如发现儿童4岁至5岁可以理解错误信念，那么这与皮亚杰所说的儿童到6岁还处于自我中心阶段的观点是不一致的。人们认为，皮亚杰的研究主要依赖儿童的言语报告，可能低估了儿童的心理理解能力。同时研究者也提出了儿童心理理论发展的机制，如亨利·威尔曼（Henry Wellman，1990）认为，儿童是从愿望—信念心理学发展到信念—愿望心理学。例如幼儿在2岁的时候，开始理解愿望和情绪、行为和结果之间的简单因果关系。大概在3岁的时候，开始形成愿望—信念心理学。能够逐渐认识到，信念是一种内在的心理，不同的人对相同事物的看法可能是不同的。不过儿童仍然采用愿望而非信念来解释行为。到4—5岁的时候，开始形成信念—愿望心理学。即具有了心理表征能力，认识到事实可以用不同方式进行表征，他人可以拥有与事实不符的错误表征，而且行为可以建立在对事实的错误表征之上。

另外，心理学家提出了几种比较有影响的理论（例如，理论论、模拟论和模块论），以解释儿童心理理论的发生和发展。理论论主张者以威尔曼和佩尔奈为代表，他们认为，儿童对心理状态的理解是一个理论建构的过程，在与环境的交互作用过程中，儿童逐渐发展起心理理论能力，理解他人的心理状态，解释和预测他人的行为。佩尔奈提出，儿童心理理论能力发展中非常关键的是元表征能力的发展，这是心理理论发展的重要基础。所谓元表征，就是个体对表征的表征。儿童要通过心理理论的错误信念任务测试，就必须具有元表征能力。模拟论（或称模仿论）者以哈里斯（Harris，P. L.）和戈德曼（Goldman，R. P. S.）为代表。他们认为，儿童不需要一种理论来解释他人的行为，理解他人的心理是一种类比或者模拟的过程。儿童在生活中逐渐理解心理状态，然后通过把自己置于他人的位置上，来理解他人的心理状态。模块论者主要以莱斯利（Leslie，A. M.）为代表，他认为心理理论能力是一种内在的系统。他提出了三个模块，其中一个是身体机制模块，在出生后6个月，婴儿意识到自己具有内在的可以运动的能力。另外两个是心理机制模块，其中有一个模块是在一岁末发展出来，婴儿可以认识到人和其他能动的客体。另外一个模块在出生后第二年形成，幼儿可以在头脑中表征他人的心理状态。

以上理论之间存在一些争议，研究的事实之间也存在一定的矛盾，但这些研究和理论探讨进一步加深了我们对儿童心理理解能力发展的认识。

研究者非常关注影响儿童心理理论发展的各种环境因素，例如，家庭中的兄弟姐妹多少是否影响儿童的心理理论发展。同时考察了儿童发展过程中，心理理论发展与其他认知因素的关系，如与语言和执行功能的关系、与智力的关系、与工作记忆的关系等。研究者还考察了心理理论发展的文化差异和民族差异，提出了心理理论发展的基本规律。

心理理论课题同时引起了其他领域研究者的关注，出现了很多跨领域的研究。如沿着普瑞马克和伍德拉夫提出的灵长类是否有心理理论的研究思路，非人灵长类研究者继续考察心理理论的起源和发生机制，人类和非人灵长类在社会认知上的差别。进化心理学也参与了这一研究进程。心理理论研究也引起了哲学家的思索，西方哲学家和哲学心理学家进行了理论的思考。同时教育学、医学、管理学等领域把心理理论的概念引入本领域的研究，也丰富了我们对心理理论在现实生活中所发挥作用的认识。

心理理论研究最为引人注目的方面之一是关于特殊人群的研究。研究者考察了孤独症、精神分裂症、失语症、聋童、威廉姆斯综合征等存在认知损伤或心智障碍的个体在心理理论上的表现。这是与以正常人为被试者进行研究并行的另一条思路，研究者一方面试图探讨心理理论在异常发展个体身上的表现，从而了解心理理论发生发展的规律和机制。另一方面，也在试图了解心理理论与其他因素的关系，理解心理理论损伤的原因，以及对个体带来的影响，并从病理学角度为疾病的早期鉴别（例如针对孤独症的早期表现）和干预训练提供可能的新思路。

心理理论发生发展的神经生物学机制也是人们探讨的主要问题之一。认知神经科学的研究方法在心理学领域得到应用后，为我们探讨心理理论的神经机制提供了研究工具。这个领域也是日益兴盛的社会认知神经科学研究的重要内容。但是，目前的认知神经科学研究方法和技术（例如，事件相关电位研究方法和功能性核磁共振成像技术）还很难用于以幼儿为研究对象的实验中，或者在研究上存在一定困难。目前关于心理理论神经机制的研究，主要结果还是以青少年和成人为实验对象而得出的。

心理理论也是一种毕生发展的现象。以前的研究主要关注 6 岁以前幼儿和儿童的心理理论发展，但是后来的研究者也十分关注婴儿、青少年乃至成人和老年人的心理理论。心理理论是否也像智力等其他认知能力一样存在着毕生发展的过程？美国心理学家戴安娜·库恩（Kuhn，D.，2000）在《心理理论、元认知和推理：一种毕生观点》一文中，提出了心理理论的毕生发展观点。弗里曼（Freeman，N. H.）在《信息传达与表征：心理推理为何需要毕生努力》一文中也提出，心理理论发展是一个毕生的任务。关于青少年、成人和老年人的一些研究也有了一些新发现，应该说这是一个重要的研究方向。

第二章

儿童对心理状态的理解研究方法

前面章节谈到，儿童的心理理论包含了儿童对自己或他人心理状态的理解，包括目的、意图、情绪、愿望和信念等，这些心理状态是人们行为的重要动因。儿童从具有自我意识开始，就一直在试图理解他人的心理，这种理解对个人与他人进行顺利的社会交往至关重要，对个体的社会化过程也具有重要的意义。但不同心理状态的复杂性是不同的，其发展过程也是不同的，儿童对这些心理状态理解的时间表也存在差异。另外，鉴于这些心理状态与事件和情境有着密切的关系，心理状态的表现可能不一定真实。为了某种目的，个体可能会有意地掩饰和隐藏真实的情绪、目的和信念。成人的心理理解能力已经发展成熟，但是，在人际交往和社会关系理解上仍然可能存在误解和困惑，这表明心理状态理解是一种复杂而抽象的社会认知功能，其发展也如弗里曼所说，是一项需要毕生努力的工作。

研究者为了考察儿童心理理解发展的过程和规律，提出了很多研究方法。本章的内容主要介绍儿童心理理论研究的方法。这些方法可以适用于测试儿童对不同心理状态的理解程度。随着年龄增长，儿童心理理解能力得到发展，到了某个年龄段，当一种测试任务的成绩普遍达到“天花板水平”时，便不再适用于测量更年长的被试者。所以，有一些研究者也提出了测试青少年和成人心理状态理解能力的任务。

第一节　儿童心理理论研究的方法

一　临床法和访谈法

以皮亚杰和英海尔德（B. Inhelder）等为代表的日内瓦学派，使用临床法研究儿童的认知发展。皮亚杰在研究中通过和儿童进行交谈，并辅之以摆弄实物，然后提出问题，要求儿童回答，根据研究对象的回答，对认知发展能力进行推测和确定。这种研究方法被称为临床法或临床叙述的技术。关于临床法的应用问题，皮亚杰在《儿童的世界概念》（1926）一书中作了较为详尽的叙述。这种方法虽然有实验者的主观因素参与过多的批评，但是相对来说，这种方法接近于一种准实验设计，实验情境和内容比较接近儿童的生活实际，具有一定的生态学效度。所以目前在心理理论研究领域，研究者仍普遍使用类似这样的方法。在研究中，实验者需要事先根据研究需要编制对儿童某种认知能力进行测验的任务。例如，常常采用故事理解任务，来测量儿童对某种心理状态的理解。心理理论研究中著名的错误信念理解测试就是一个典型代表。这种方法涉及实验者和儿童之间的交谈和沟通，所以又可以称为访谈法。

实验者在和儿童的交谈中应该避免主观期待的影响，不要给儿童提供答案线索或者暗示。设计的实验任务的难度和表述的语言方式，要符合儿童的年龄发展水平，例如，不能使用超出儿童理解水平的术语和句子。在实验过程中，实验者应该仔细观察儿童的反应，确认儿童的言语反应或者行为反应是真实的。例如，有些儿童在实验中，为了避免成人的消极评价或者为了得到夸奖，会倾向于给出肯定的答案。有些更小的幼儿不论什么问题，倾向于用点头行为表示回答。但是，点头的行为甚至并不一定表示他能够理解实验者提出的问题。实验者对儿童的回答是否和预先确定的答案类型一致，也要进行审慎的辨别。一般地，在实验中要进行录音或者录像，然后请不同的编码者根据一定编码标准，对实验者的反应进行编码，并计算编码者一致性，以保证实验较高的信度。

这种方法存在的一个主要问题是，研究效果可能受到儿童的语言能力和记忆的影响，所以，要确保儿童在回答问题之前，已经理解了实验者所讲的故事情境以及提出的问题，通常在测验中设置控制问题。

二　非言语行为测量

一个儿童如果可以理解他人的心理状态，并以此为基础推测和解释他人的行为，我们就说他具备了某些心理理解能力。一般地，我们可以通过个体的言语反应和行为反应推测出来。但是对于年龄较小的儿童，以及那些言语表达或者行为反应能力受损的个体来说，从外在的语言回答进行推测就变得比较困难。例如，2 岁幼儿的认知能力、语言理解能力和表达能力有限，他们可能既无法准确理解成人实验者所讲的故事和所提的问题，也很难做出准确的回答。即使有一些言语上的反应，实验者也很难判断这些反应是否体现了幼儿的真实理解。而一些孤独症个体在社会交往和语言能力上受损，这使得对他们的心理理解能力进行言语方式测试变得不切实际。为此，一些研究者开发出非言语行为测量技术和程序。

这种测量方法，大多研究者虽然把它叫作非言语测验方法，但这是相对于前面提到的言语方式的测量而言的。事实上，很难有完全非言语的测量方式。这种任务中，实验者采取和儿童进行游戏的方式，通过行为过程本身展示实验情境，然后要求儿童做出符合要求的行为。这种测试方式最大可能地避免了理解故事和回答问题对语言水平的较高要求。

这种测量涉及对心理状态理解的内隐和外显发展的讨论。研究者认为，通常可以采用言语任务对心理理论发展进行外显的测量，而采用非言语任务对心理理论发展进行内隐的测量。

三 认知神经科学测量

心理理论的神经机制是社会认知神经科学研究的一个热点问题。但是，运用这种认知神经科学手段来探讨心理理论的机制，目前还主要应用于以成人为实验对象的研究。以成人为研究对象得到的结果，也有助于我们思考心理理论的神经机制及其发展过程，以及儿童的大脑发育和心理理论发展的对应关系。采用神经科学领域新的技术手段进行的研究，例如，事件相关电位（ERP）技术和基于事件的功能性核磁共振成像（fMRI）研究，为我们了解社会认知的神经机制打开了一扇大门。

使用认知神经科学手段研究心理理论，主要探讨的问题就是心理理论是否具有特定的对应脑区。比如信念归因是否比非信念归因具有特殊性，在大脑不同区域有特定的激活。这也可以说是心理理论是否在大脑皮层有特殊定位的问题。另外，关于心理理论和其他因素的关系研究，心理理论发展是否受到其他因素的影响，它和其他认知因素是否存在密切关系，也可以从成像研究中反映出来，比如，语言是否是信念归因所必要的因素。那么在fMRI研究中，研究者观察了信念归因的脑区激活和言语活动的脑区激活。如果信念归因离不开语言，那么在信念归因中必然伴随涉及语言脑区的激活，否则可能语言就是信念归因不必要的因素。但是，采用这种手段进行研究的逻辑以及解释的效力还有待于进一步探讨。无疑地，采用认知神经科学手段研究心理理论问题，对于探讨心理理论脑机制起着很大的作用，这也是传统的行为实验方法所不能实现的。

有研究者发现，与真实信念相比，错误信念推理在后负成分的400—800ms时间阶段出现了明显的下降。辛巴和泰勒（Sabbagh & Taylor，2000）进行了一项事件相关电位研究，探测了成人在信念推理过程中的神经电活动。在信念归因的实验条件下，被试者需要对心理状态进行推理，而在非信念归因的控制条件下，被试者无需对心理状态进行推理，然后将两种任务引发的神经电活动进行对比，结果发现，位于左侧额叶区域的正极电位成集中增长趋势，而位于左侧顶叶区域的正极电位却成削减趋势。这些结果为儿童心理理论的发展和心理理论损伤的神经生物学基础提供了新视角。

加拉格尔等人（Gallagher，et al.，2000）采用功能核磁共振成像研究方法，检测了成人被试者在完成语言呈现和视觉呈现的心理理论任务时大脑激活的部位，对参与心理理论推理任务的脑区进行定位，两种材料都包括心理理论故事、非心理理论故事和没有内在联系的句子或图片。研究发现，以语言材料呈现的心理理论故事，大脑的激活部位主要在内侧前额皮层（medial prefrontal cortex），双侧颞极（temporal poles）和双侧颞—顶联合（temporal parietal junctions）。以漫画形式呈现的心理理论任务，引起的大脑激活部位主要在前额叶皮质、双侧颞—顶联合、右侧额中回（middle frontal gyrus）、楔前叶（precuneus）和梭状区。可见，心理理论能力主要是大脑前额叶部位的功能，激活区域与刺激呈现方式没有关系，提示心理理论可能具有独特的大脑脑区定位。

采用认知神经科学手段研究社会认知，可以为我们揭示对人的心理状态认知的功能性神经机制，也为了解异常人群的心理理论损伤提供参考。

第二节 儿童对不同心理状态的理解及其测试任务

一 儿童对目的和意图的理解

目的和意图是两个重要的行为动因。儿童对目的和意图的理解，是心理理论研究关注的两个重要方面。

如果我们说“某人试图做什么，某人为了什么而做什么事”，那么，这就是在表达一个人行为的目的和意图。理解了他人的行为意图，我们就能够知道他人的某种行为的方向和主观故意，就知道他人想要做什么。如果我们说某人为了什么而做，则偏重于理解他人行为的原因和结果。费菲尔德等人（Feinfield，Lee，Flavell，Green，& Flavell，1999）提出，儿童获得对意图的理解，对个人发展来说至少具有四个方面的重大意义。首先，帮助儿童理解人和其他有生命的个体是如何不同于其他物体的。其次，理解意图对于理解道德和责任是必需的。也就是说，要评价人们的行为好坏就要根据其行为的意图来判断，比如，行为是有意的还是无意的。第三，对于儿童理解计划是必需的，因为计划本身就包括行为的意图，这也有助于儿童发展行为计划的能力。最后，获得意图理解是心理理论发展的重要组成部分，并和其他心理状态理解紧密联系在一起，如信念和愿望等。他们给3—4岁的儿童用图片和语言描述呈现一个故事，故事里一个主人公的意图不同于愿望或偏好，也不同于努力实现意图的结果，结果发现，3岁的孩子很难把意图和愿望或结果区别开来，而4岁的孩子能够做出这种区分，表明儿童在3岁半或4岁的时候开始发展出意图的概念。

儿童能够区分真实意图和无意图，是意图理解中的一个进步。生活中人的某些行为是有意图的，相对而言，某些行为表现可能并没有明确的或明显的意图，或者可能是无意做出的行为，也就是说，某些行为并不是主观故意的。比如在走路的时候，不小心把别人手里拿的东西碰掉了，这是无意的行为；如果在可以避开的情况下，故意与他人碰撞，从而把别人手里的东西碰掉，则是一种主观故意的行为，是有明确意图的行为。儿童要能够从外在的行为表现，把真实意图和无意图区分开，就能够判断什么情况下的行为是可以原谅，不应受到责备或者可以容许的，而什么情况下的行为则是不应该和不能容许的，从而学会遵守某些人际交往的规则和社会规范。

对较小幼儿意图理解的测试，可以采用实验的方法进行。比如在实验中，实验者给儿童一个他想要的东西，然后在即将递到他手里时，有意地缩回来，能够给他的时候而不给他。在另一种情况下，把东西递到他手里前，故意弄掉。观察儿童在这两种情况下的反应。如果儿童对实验者故意不给他东西的行为表现出生气和发怒，就表明其可以理解意图中的主观故意。

二　信念理解

真实信念理解

婴儿从睁开眼睛看到这个世界，就开始通过自己的感觉和知觉探索周围的事物，逐渐地，经由直接经验和间接经验获得大量知识，形成了一定的知识系统。比如，儿童通过学习知道鸟儿会飞。“鸟儿会飞”，这是一种事实，儿童能够理解这样一种事实，表明他获得了某种知识状态。获得这种知识状态，是对周围世界存在的事物的理解，是对客观事物特征的表征。而关于某种事实的信念，则又是对事物的更为抽象的表征。例如，“小强认为鸟儿会飞”，就表明了小强的一种信念状态。再例如，“哥伦布相信地球是圆的”，表明了在哥伦布的头脑中，他依据前人的观点和自己的认知，坚信地球是圆的，虽然他不能看到地球完整的形状，或者不能用证据证明地球是圆的。

真实信念（true belief），表示信念反映了事实。我们对客观事实的表征，如果是符合实际的，那么这种信念就是一种真实的信念。例如，“一本书在桌子上”，这是一种事实状态。如果李小明看到书在桌子上，那么他就会认为书在桌子上，说明李小明的信念反映了事实的真正状态，这种信念就是一种真实信念。它表明个体可以在自己的思想中表征一种事实，与事实本身相比，这种表征是抽象的。而如果书被别人放到了别的地方，但李小明并不知道书已经被转移了，这时，李小明在不知道这种事实的情况下，仍然会根据过去的知识状态，认为书在桌子上。这时候，李小明的信念就不是对事实的正确的表征，而是一种错误的表征了。儿童从理解真实信念发展到理解错误信念，是需要一个过程的。研究者也提出了一些研究方法，用来测查幼儿对这种信念的理解。

一级错误信念

常用的一级错误信念理解任务（first-order false belief understanding task），是韦默和佩尔奈（Wimmer & Perner，1983）在研究中首先设计使用的。他们在一个研究中设计了一种“位置改变任务（location-transferred task）”的范式，后来又设计了“意外内容任务（unexpected-content task）”，这两种任务在后来研究中经常一起使用，叫作一级错误信念理解任务。下面分别介绍这两种任务。

位置改变任务：实验者给儿童讲一个故事，为了方便儿童理解，同时配以图片展示。故事描述两个儿童甲和乙在一个屋子里玩皮球，其中儿童甲把皮球放到箱子里，并盖上盖子，然后走到院子里玩去了。这时，儿童乙把球从箱子里拿出来，然后放到一个盒子里。被试者为 3 到 5 岁的儿童，首先，实验者会问两个控制问题，一个问题是，“儿童甲离开屋子前把球放到哪里了?”用以检验被试者对故事中描述的事实的记忆。另一个控制问题是，“现在球在哪里?”，用以检验被试者对球目前所处位置的知识。儿童要正确回答以上两个控制问题。然后，问被试者错误信念理解问题，“儿童甲回到屋子里，想找球玩耍，你能告诉我，他会去哪里找他的球？是到箱子里还是盒子里找?”这个问题叫作错误信念测试中的预测问题，即被试者要根据故事中人物的错误信念预测其行为。有些研究者提出，儿童即使能够正确回答这个问题，也可能是猜测的结果，于是，在错误信念预测问题之后，增加了错误信念解释问题或者理由问题，即在儿童回答完错误信念预测问题后，随即追问，“他为什么会去那里找呢?”通常采用计分方式对被试者回答的结果进行统计，被试者正确回答错误信念预测问题得 1 分，正确回答解释问题，得 1 分。也有研究者根据一定标准，对被试者的解释问题答案进行分类。如果儿童能够正确回答“预测问题”，那么再分析他对“解释问题”所给出的答案。如果被试者回答，“因为他认为球还在箱子里”，那么这就属于根据故事中人物的错误信念心理状态来解释行为；如果被试者回答，“他走前把球放在箱子里了；球原来就在箱子里”等，那么这就是根据原先的事实来解释行为。研究者认为这两种回答都可以表明，被试者理解了故事中人物所拥有的错误信念，并可以根据错误信念来预测行为。

巴伦-科恩（Baron-Cohen，1985）在研究中采用了这种测验范式来检验孤独症儿童的心理理论能力。他在故事中使用的两个人物名称，一个叫萨利（Sally），另一个叫安妮（Anne）。后来研究者也常常把他的测验模式叫作错误信念理解测验的萨利—安妮测验。

意外内容任务：在实验中，给被试者呈现一个外表看起来装有某种东西的容器，比如一个糖果盒子或者牙膏盒子，总之是被试者在生活中比较熟悉的东西。被试者一看到这个容器，就能从容器的外表知道这个盒子是装什么的。然后实验者问被试者，“你看到这个盒子，觉得里面装的是什么？”通常被试者会根据盒子的表面图案来回答，比如看到牙膏盒子后，回答说“牙膏”。在被试者回答之后，实验者打开盒子，让其看到里面实际上装的是另一样东西，比如一只圆珠笔。儿童很惊讶，这时问被试儿童，“刚才你觉得里面装的是什么呢？”这个问题测的是儿童对自己以前的错误信念的记忆。有些儿童会记住自己刚才的回答内容，但有些儿童会回答他所看到的盒子里实际装的东西。一方面可能是儿童记不得自己刚才的回答，另一方面可能是儿童看到了里面实际装的东西，不愿表示自己回答错误了。实验者然后再问被试者，“另外一个小朋友，比如小林，他没有看到盒子里面装的是什么，他会觉得里面装的是什么？牙膏还是圆珠笔？”这个问题测的是被试者对他人可能拥有的错误信念的认识。如果被试者回答说是“牙膏”，那么就表明他通过了这个任务的测试。因为他人在没有打开盒子，并看到盒子里实际装的东西时，会倾向于按照盒子的外表进行推理。这就意味着，他人拥有了一种错误信念。被试者正确地回答问题，表明理解了他人的错误信念。

以上两种错误信念测验方式，是用来考察儿童对他人拥有的错误信念的理解，所以叫作一级错误信念测试。儿童一般在4至5岁逐渐可以通过测试，部分儿童可以在3岁末通过这种测试。

二级错误信念

二级错误信念（second-order false belief）是比一级错误信念更复杂的心理状态。儿童在理解了一级错误信念之后，才能理解更复杂的二级错误信念。这种错误信念状态理解在语言表达上通常是一种嵌套的结构，例如，“小张认为他妻子知道他给儿子送的生日礼物是一辆电动飞机玩具”。沿用一级错误信念理解测试的设计思想，佩尔奈和韦默（Perner & Wimmer，1985）设计了二级错误信念理解测试任务。被试者是5至10岁的儿童。实验仍然通过讲故事和回答问题的方式进行。在故事中，有两个名叫约翰和玛丽的儿童，一天在公园里玩，看到了一个小贩推着冰淇淋车在卖冰淇淋。后来两个儿童都知道冰淇淋车从公园挪到教堂那里去了。约翰和玛丽都已经知道了这件事，但是他们彼此并不知道对方的状态。要求被试者回答的问题是，“约翰认为玛丽会去哪儿买冰淇淋？”要能正确回答问题，儿童必须考虑到约翰关于玛丽的未知知识状态。结果发现，7岁儿童才能理解这种二级错误信念状态，通过测试的时间要比一级错误信念理解测试通过时间迟2年左右。

沙利文等人（Sullivan，Zaitchik，& Tager-Flusberg，1994）认为，佩尔奈和韦默的实验任务故事比较复杂，故事中涉及的人物也较多，为了减轻被试者的认知负荷，他们设计了一个比较简单的二级错误信念测试。结果发现，儿童通过测试的年龄要提前一些。4岁8个月儿童几乎有一半能理解二级错误信念，6岁儿童几乎都能理解二级错误信念。他们在实验中使用了原来的二级错误信念理解任务“冰淇淋的故事”，也设计了新的二级错误信念理解任务“生日礼物”故事。分别介绍如下：

原来的任务：冰淇淋的故事

约翰和玛丽一块在公园里玩要。他们看见卖冰淇淋的过来了。玛丽想要买块冰淇淋，但她没有带钱。她感到很难过。卖冰淇淋的叔叔对她说：“别难过，你可以回家去拿钱啊，我会在公园里等你的。”之后，玛丽就回家拿钱去了。记住，玛丽回家去拿钱去了，而约翰仍在公园里玩。

探测问题1　玛丽为什么回家？

探测问题2　卖冰淇淋的人告诉玛丽什么？

后来，约翰看到卖冰淇淋的人推着车要走了。约翰问他：“嗨，你去哪儿呀？”卖冰淇淋的人回答说：“我要去学校卖冰淇淋，在学校我可以卖的更多些。”随后，卖冰淇淋的人就开始往学校去了。要明白，卖冰淇淋的人去学校了。

探测问题3　卖冰淇淋的人告诉约翰什么？

现在，约翰回家去吃午饭了。玛丽在自己家里拿钱要买冰淇淋。玛丽在路上正好碰见卖冰淇淋的人，“嗨，你去哪里啊？”玛丽问道。卖冰淇淋的人回答说：“我要去学校卖冰淇淋。”玛丽说：“好，我知道了。”

探测问题4　约翰知道卖冰淇淋的人去了学校吗？

语言控制问题：约翰知道卖冰淇淋的人告诉了玛丽他要去学校吗？

非语言控制问题：玛丽知道卖冰淇淋的在哪儿吗？

二级未知问题：约翰知道玛丽知道卖冰淇淋的车在哪儿吗？

现在，约翰吃完午饭后，到玛丽家找玛丽玩。约翰问玛丽的妈妈："玛丽在哪儿？"玛丽的妈妈说："玛丽去买冰淇淋了。"之后，约翰就去找玛丽。

记忆帮助：记住，约翰不知道卖冰淇淋的人告诉玛丽他要去哪儿。

二级错误信念问题：约翰认为玛丽会去哪儿买冰淇淋？

说明理由问题：为什么？

新的任务：生日礼物

今天是皮特的生日，妈妈给他买了一只小狗作为生日礼物。妈妈想要给皮特一个惊喜，所以她把小狗藏到地下室里。皮特说："妈妈，我真希望你给我买一只小狗作为生日礼物。"记住，妈妈想用小狗给皮特一个惊喜，所以，没有告诉皮特她买了一只小狗，反而说，"对不起，皮特，我没有给你买小狗，而是给你买了一个大玩具。"

探测问题1　妈妈真要给皮特买一个大玩具吗？

探测问题2　妈妈告诉皮特要给他买一个大玩具吗？

探测问题3　妈妈为什么要告诉皮特给他买一个玩具做生日礼物？

皮特对妈妈说，"我要去外面玩去了。"在去外边的路上，皮特到地下室去拿他的溜冰鞋。在地下室，皮特发现了一只小狗！皮特自言自语："哇，妈妈没有给我买玩具，真的给我买了小狗作生日礼物。"妈妈没有看到皮特去地下室并发现了生日礼物小狗。

非语言控制问题：皮特知道妈妈给他买了小狗当生日礼物吗？

语言控制问题：妈妈知道皮特在地下室看到了生日礼物小狗吗？

叮铃铃……电话铃响了。是皮特的奶奶打过来的，问生日聚会什么时候开始。奶奶在电话里问妈妈："皮特知道你真的给他买了什么做生日礼物吗？"

二级未知问题：妈妈会怎么对奶奶说？

记忆帮助：好，记住。妈妈不知道皮特看到了她准备的生日礼物。

之后，奶奶对妈妈说："皮特以为你给他买了什么生日礼物？"

二级错误信念问题：妈妈怎么对奶奶说？

说明理由问题：妈妈为什么那样说？

（采自 Sullivan，Zaitchik & Tager-Flusberg，1994；Perner & Wimmer，1985）

三　视觉观点理解

观点采择任务

观点采择任务（perspective-taking task）考察儿童是否能够理解别人在考虑一件事情时，所采取的观点和自己的观点可能是不同的。比如，在一级视觉观点采择任务中，给儿童看一张卡片（7cm × 10cm），卡片的两面分别有两个动物图案，一面是“兔子”，另一面是“猫”。让儿童观察卡片的一面，告诉他说：“这是一张卡片，在卡片的一面是一种动物的图片，而另一面则是别的动物的图片”。接着给儿童看图片的一面，问：“这是什么？”待儿童回答后再让他看另一面，问：“这又是什么？”保证儿童清楚知道卡片的两面分别是什么动物。然后给儿童介绍一个叫灰灰的木偶人，说：“灰灰就坐在这里（桌子的对面）”。卡片在儿童和木偶中间竖直放着，以便“猫”的图片面对着儿童。问儿童：“灰灰看到了卡片上的什么？他看到的是猫还是兔子？”然后把图片翻转，再问同样的问题。使用两张以上的卡片。例如一张卡片上分别有小汽车和乌龟，或者卡车和狗。正确的答案是木偶看到的图片事物。

二级水平的视觉观点采择任务中，如果一个东西对自己和他人同时可见，但两人的观察条件不同，就会引起不同的视觉印象。儿童要能认识到这一点，表明具有了二级观点采择能力。二级观点采择任务所用的材料和程序类似于一级观点采择任务。给儿童看一幅图片，要求儿童命名。然后给儿童介绍木偶灰灰。图片平放在桌子上，对儿童来说，图中的动物是头朝上，而对木偶来说是头朝下的。问儿童：“木偶灰灰看海龟是什么样子？它看起来是头朝上，还是头朝下？”把照片反过来，使海龟对儿童来说是头朝下，对木偶来说是头朝上。再重复同样的问题。在实验中使用多幅图片，进行同样测试。儿童必须正确回答从木偶角度看起来，图片中动物正确的方位。

表观—现实任务

在这种任务中，给被试者看一块涂成石头模样的海绵，然后要儿童区别这个事物看起来的样子和它实际的样子。例如，问儿童："这个东西看起来是什么?"儿童回答说："石头"，之后让儿童摸一下，发现它实际上是海绵。再问儿童："别的孩子看到这个东西，会说它是什么?"儿童要理解别人像自己一样，在实际触摸这个东西之前，会说它是看起来那个样子的东西。如果儿童回答说是"海绵"，那就表明他还不具有从他人角度看问题的能力，不能把对现实的表征和现实区别开来。

四　愿望理解

愿望理解任务包括简单愿望推理任务、愿望形成理解任务、冲突愿望理解任务、愿望情绪任务、对自己过去愿望理解任务以及对他人愿望理解任务。苏彦捷等人研究了3—5岁儿童的愿望理解能力的发展，系统地探讨了愿望理解的层次性。结果表明，儿童在对自己过去愿望理解任务中的成绩比简单愿望推理、愿望形成理解和冲突愿望理解的成绩要好，在冲突愿望理解任务中的成绩比对他人愿望理解的任务成绩要差。儿童的愿望理解能力包含着多个方面，而愿望理解各个方面的发展步调可能是不一致的，并且表现出一定的次序性。这里介绍一种愿望情绪任务。

愿望情绪任务

愿望满足与否通常和一定的情绪相联结，愿望满足会给个体带来愉快和幸福感，引起高兴的情绪；而愿望没有满足，通常会导致难过和不高兴的情绪。对于成人来说，也许可以进行自我调节，采用其他办法消除相应的情绪，但是，对于幼儿和儿童来说，当一种愿望没有满足时，通常会不加掩饰地表现出失望和难过的情绪状态。愿望—情绪任务中，实验者通常给被试者讲一个故事，故事中主人公想要某种东西，而不想要另外一种东西。然后该主人公在一个位置发现了想要的东西，在另外一个位置发现了不想要的东西。每次都问被试者，该主人公看到东西后会产生什么样的情绪。儿童只有回答正确情绪问题，才表明他理解了基于愿望的情绪(Wellman & Woolley，1990)。

五 情绪理解

按照塔格－弗拉斯伯格（Tager-Flusberg）和沙利文（Sullivan）所提出的心理理论两成分模型，情绪理解属于社会知觉的范畴。儿童理解情绪的发展包括从他人的面部表情、声音以及行为判断情绪状态。同时，理解一定的情绪也是和愿望或信念相联系的。

儿童对情绪的理解区分为不同的层次，而对不同层次情绪状态的理解发展存在一个过程。2 岁儿童可以通过面部表情辨别基本的情绪状态，能谈论与情绪有关的话题。在 3 到 7 岁时可以把情绪与行为联系起来，理解不同的愿望会带来不同的情绪状态。这时，儿童对情绪的理解一般包括理解基于愿望的情绪，即个体的愿望是否得到满足会带来一定的情绪。威尔曼（Wellman）和伍莱（Woolley）发现 3 岁前的儿童知道，如果一个人得到了想要得到的东西，就会表现得很高兴，如果不是自己想要的东西，就会不高兴。比如，一个孩子想要一个自行车的生日礼物，但父母却买了一只芭比娃娃，这个孩子就会由于失望而感到难过。这就是对基于愿望的情绪的理解。另外一种是基于信念的情绪，即由于某种信念的原因而产生相应的情绪。4—6 岁儿童开始逐渐理解基于信念的情绪，陈璟和李红（2008）发现 4 岁是基于信念的情绪理解能力发展的关键年龄，幼儿基于信念的情绪理解能力晚于错误信念理解能力的出现。所谓基于信念的情绪，即一个人产生的某种情绪可能是基于信念，而哪怕这种信念是错误的。例如，一个人以为喝的是牛奶，而实际上是酸梅汤。但从外表看不出是什么，他以为是牛奶，那么在喝酸梅汤之前的情绪就是基于信念的情绪，喝了之后的情绪和喝酸梅汤之前是不同的。如果这个人不喜欢酸梅汤，就会表现得很失望，很不高兴。对冲突情绪的理解也是情绪理解的一个重要方面。儿童要理解同样的情境或事件会引起不同的情绪反应，儿童要到 5 岁才能理解这种可能存在的情绪冲突。

上述研究范式虽然在一定程度上可以用来推断儿童的心理理解能力，但是讲故事的方法使得结果较为主观，容易出现实验者效应。此外，在测试中需要儿童进行大量的言语加工，因而就很难区分影响儿童表现的究竟是儿童的语言能力，还是儿童对心理状态的理解能力（莫书亮、苏彦捷，2002；吴南、张丽锦，2007）。在讲故事的实验任务中，不同的实验故事需要具备的情景知识有所不同，而且儿童在理解和做出实验反应上都高度依赖于语言能力的发展，这使得故事测验任务测查到的心理理论能力，可能与实际的心理理解能力之间存在一定差距。同时呈现的刺激材料是静止的，这与日常社会交往中的动态特征也是相违背的。

此外，虽然用错误信念理解范式研究儿童的心理理解能力发展水平取得了一定成果，但是，不管一级错误信念还是二级错误信念，所能探讨的都还局限在幼儿阶段。随着研究的深入，研究者越来越关注心理理论水平发展的内在机制、制约因素等，并探讨儿童、青少年以及成年人的心理理论发展（席居哲、桑标、左志宏，2003）。因此对青少年以及成人心理理论水平进行探讨就成为心理理论后续研究关注的焦点。

下面介绍用来对年龄较大的儿童和青少年进行心理理解能力测验的任务。包括失言识别任务和矩阵博弈任务等。

六　失言理解测试

失言理解任务（faux pas recognition）是由瓦莱丽·斯通（Valerie E. Stone）等人首先提出的，用来测量7—11岁儿童的心理理解能力。瓦莱丽等人认为，当人们说了一些令人尴尬的、伤害他人或冒犯了他人的话语，而说话者不知道或没有意识到这些话不该说的时候，就构成了失言情境。说话者的言语内容可能是听话者不希望知道的，并且产生了说话者不希望得到的消极后果（Baron-Cohen et al.，1999）。瓦莱丽等人通过列举如下的例子来说明失言情境：

例如，给儿童讲一个这样的故事。小丽给她的朋友小倩买了一个水晶苹果作为生日礼物。小倩的生日宴会上，有许多人送给他礼物。几个月后，小丽到小倩家做客，不小心把水晶苹果打碎了。小倩看到后说："没关系，我不太喜欢它，不知道谁送给我的。"讲完故事之后询问儿童下列问题：小丽给小倩送了一个什么礼物？有没有人说了不应该说的话？谁说了不应该说的话？后面两个问题主要测量被试者的心理理解能力。如果儿童回答对了，就再问："为什么他/她不应该这么说？"主要测量被试者对人物的情绪理解。如果被试者可以正确回答实验者提出的问题，则表明他具有了失言理解能力。

失言理解任务就是借助类似的故事，考察被试者对失言者失言情境的认知，即儿童是否能对故事中主人公的失言行为进行准确的理解（刘希平、安晓娟，2010）。

七 矩阵博弈范式

心理理解水平不同的人，对他人的内部心理世界进行推理的层次不同，就如同下棋时，对于对手的思路进行观察和预测，有的棋手可以看得更远更深，在社会交往活动中，对他人心理状态和思维状况的猜测也会表现出不同，也许这是成人心理理解水平差异的重要方面。行为决策中的博弈情景为研究这种差异提供了新的思路（李晶、刘希平，2010）。

决策博弈是经济学领域的研究手段之一。在决策的过程中，每一个参与博弈的人的决策都会影响到其他参与者的选择（独裁者博弈除外，其中反应者只能无条件地接受提议者的提议而不能做出任何其他的选择）。因此，个体为了保证自己的利益最优化，就需要对他人的心理活动进行猜测，根据他人可能的决策来选择和调整自己的决策方式。这种猜测是多重交互的，最终获益最多的人应该是能够进行多重猜测，并且对对手的水平进行准确判断的人。这种决策游戏可以通过直接的认知测量推断思考的等级，从而说明心理状态推理的水平。

矩阵博弈（matrix game）是在决策研究中经常使用的方法，一般主要是由三部分组成，包括博弈者、所有可能的结果和各个博弈者在所有可能结果下得到的奖励值，后两个部分就会组成一个或多个矩阵博弈。每个博弈者的目标是做出使自己利益最大化的决定。罗谢尔（Rachelle，2009）采用了博弈范式来探讨4—8岁儿童心理理论的发展，与4岁和6岁的儿童相比，8岁儿童能够意识到行为线索带来更多的信息价值，并且能更成功地通过测试。

矩阵博弈范式创造性地把经济学中的决策博弈理论引入心理理论发展研究范畴，使研究更加客观，同时把心理理论的研究理念引入经济学的范畴，也会对经济学的研究提供一定的参考价值；第二，把心理理论研究的路线，从单纯关注与儿童社会化成长相关的研究思路，拓展到与智力活动相关的决策活动中；此外，博弈情景中对结果的反应上较少依赖于语言能力的发展，这也为尽可能排除语言能力对实验结果的干扰提供了可能。

八　“思想泡”技术

“思想泡”（thought bubbles）是儿童故事书或卡通集里常见的一种图画。在一个人物的头顶上方，画一个云彩状的泡泡，或者是一连串的泡泡。在泡泡里面画上人物正在想的东西，如一个物品。用这样的图表示人物的脑海里所想的内容。采用这种图画可以把内在抽象的思想，用可见的外显的形式表现出来。

如图 2.1 所示：男孩头顶上类似云彩的“泡泡”里画了一辆小汽车，就表示这个男孩虽然手里牵着一条狗，但此刻他内心想的却是玩具车。“思想泡”直接把人们头脑中所想的事物用实物图片的方式呈现出来，因而对于言语能力受损而图片表征能力相对完好的孤独症儿童来说，这种方式可能比传统的标准错误信念任务的呈现方式更易于理解。

图 2.1　“思想泡”示意图

（采自邹瑾、王立新、项玉，2008）

这种方法常被用来研究年龄较小幼儿或者语言能力较差的孤独症儿童的心理理论。例如，使用标准的错误信念任务测量孤独症儿童的心理理论，发现其成绩较差，而采用思想泡技术，发现其成绩有一定程度提高。

也有研究者使用这种技术，对孤独症儿童或者不能通过错误信念测试的幼儿进行训练，发现也可以显著提高他们的错误信念理解的测试成绩。

第三节　青少年和成人对心理状态的理解及研究方法

一　青少年和成人心理理论能力的发展趋势

第一章提到，心理理解能力是一个毕生发展的过程，从婴幼儿开始，到儿童、青少年以至成人也存在从低级到高级、从简单到复杂的发展过程。研究者认为，从 2 岁开始，儿童逐渐发展出对引发行为的内部心理状态的认识，但最初获得的是一种朴素的愿望心理学，仅仅根据简单的愿望、情绪和知觉印象或经验认识世界；之后儿童获得的是愿望—信念心理学，开始考虑和谈论人的内部心理状态，涉及信念，但主要根据愿望来推测人的行为；到了 4 岁开始获得了信念—愿望心理学，出现了对心理世界的表征。一般认为，这是表征性心理理论获得的标志，其中一个里程碑就是对错误信念的理解。之后的心理理论发展更加复杂和抽象化，虽然儿童的心理理解日趋成熟，但在精细化和应用上还存在发展的余地。有研究者考察了 6 岁后儿童心理理论的发展，如对二级错误信念的理解，对失言、反语和其他更复杂的心理现象的认识；也有研究者把心理理论的发展和特质发展联系起来（Heyman & Gelman，2000）。

近年来，一些研究者提出了心理理论毕生发展观，如第一章提到的库恩和弗里曼的观点。成人在推测他人心理状态时仍然会犯错误，仍然带有一定的局限性，例如，成人的心理理论应用可能存在着知识偏差（Birch & Bloom，2004）。年龄较小的幼儿在错误信念理解测试中出现困难，是因为他们已经知道了事件发生的结果，也就是说，他们受到了自己已有知识状态的影响。例如，在一级错误信念理解的位置改变任务中，被试者知道了东西已经转移到另外一个地方，所以在推测他人行为时受到自己知识状态的限制。成人在推测他人的心理状态和解释他人的行为时，还容易高估别人解决问题的容易程度，容易出现“事后聪明偏差”，经常以专家自居，产生认识上的自我中心。

关于成人心理理论的发展趋势有两种对立的观点，一种观点认为，成人的心理理论水平像其他认知能力一样，也会随着个体老化而下降，而另一种观点认为，作为一种社会认知能力，它会随着年龄增长、经验和阅历的丰富而提高。哈佩等人（Happe，1998）的研究发现，老年个体理解心理理论故事的能力优于青年人，因而认为，成人的心理理论与一般认知能力可能是分离的。然而，更多研究者持不同观点，梅勒等人（Maylor，2002）对比了平均年龄为21岁的青年人和81岁老年人的心理理论能力，认为，心理理解能力随着年龄衰老而降低。沙利文和鲁夫曼的研究也证实了这一假设，但是，他们的研究并未匹配青年人和老年人的智商，不能排除是否是被试者的智商影响了实验结果。在此基础上，王异芳和苏彦捷（2005）匹配了被试者的智商和教育水平后，采用心理理论故事理解任务和失言理解任务，考察平均年龄为22岁的青年人与69岁老年人的心理理论能力，结果发现，青年人在失言理解任务上的成绩显著优于老年人，结果支持心理理论能力随个体衰老而下降的观点。查尔顿等人（Charlton，et al.，2009）最近的研究也验证了成人心理理论水平随年龄增长而下降的结果，并提出老年人的心理理解能力下降可能与智力降低有关。为了进一步探索心理理论随年龄变化的原因，查尔顿等采用功能性核磁共振成像实验方法，探讨其是否与大脑变化有关，结果发现，成人的心理理论成绩与白质完整性的弥散张量成像显著相关。由此可推测，心理理解能力随年龄增长而下降，不仅是因为个体认知功能降低，还可能涉及大脑白质整体性的改变。综上所述，大多研究支持成人心理理论随个体老化而下降的观点，并且年龄越大，这种趋势越明显（林佳燕、傅根跃、刘文庆，2010）。

二 成人心理理论的研究方法

为探索成人的心理理解能力，研究者提出了一些心理状态理解测试任务。最早出现的是巴伦－科恩等（Baron-Cohen，Wheelwright & Jolliffe，1997a）最先使用“眼区心理状态阅读”、“嘴部心理状态阅读”和“脸部心理状态阅读”任务，要求被试者根据仅呈现的眼部、嘴部区域或有整个人脸的照片，判断人物的心理状态。其中，“眼区心理状态阅读”测试在2001年加以修订，有时叫作“眼睛测验”（eyes test）。眼睛测验的优势不仅在于可以测试成人的心理理论，而且灵敏度高，成人在这项测验中能够表现出差异。另外，坎德曼等（Kinderman，Dunbar & Bentall，1998）、斯蒂勒和邓巴（Stiller & Dunbar，2007）给被试者呈现广告中人物，要求判断心理状态。然而，这类任务对于研究孤独症患者或者盲人的心理理论可能是无效的，因为前者通常无法很好注视他人眼睛，在与他人的眼神交流中表现出回避倾向（Baron-Cohen，Baldwin，& Crowson，1997b）。因此，辛巴和西曼斯（Sabbagh & Seamans，2008）采用了基于听觉刺激的"声音心理状态辨别任务"，材料为不同语音语调的句子，测试的句子本身是没有情感内容的，要求被试者辨别说话者的心理状态是平静还是焦虑、悲伤还是厌恶等。

对青少年心理理论发展的研究，目前仍缺乏研究的有效范式，其中的原因包括，第一，按照目前的心理理论概念，青少年的心理理论发展接近成人的水平，那么怎样界定这个阶段的心理理论，以把它与之前的心理理论区别开来。其中涉及的一个问题就是心理理论能力的获得和应用，应该说这是两种不同的能力，那么在大多数正常发展的个体已经拥有心理理论能力的情况下，怎么发现应用能力的差别。第二，寻找青少年和成人的心理理论研究比较可靠的范式。目前缺乏可靠的测验方式，是阻碍研究深入的一个问题。第三，成人的心理理论已经与其他认知功能融合在一起，与个人的其他特征（如人格、性格和气质）以及道德、社会行为融合在一起，采用什么策略把它们分开，或者说如果不能分开，采用什么概念框架把它们统一起来，这是需要探讨的问题。

第三章

儿童的心理理论能力:起源和发展

从前一章的讨论中我们知道，儿童心理理论研究起源于普瑞马克和伍德拉夫的一个关于黑猩猩是否能理解意图的实验。文章提出的问题是，黑猩猩拥有心理理论能力吗？这个问题至今尚没有确切的答案，但是，关于儿童心理理解能力发展的研究，却引导人们思考，儿童心理理论的起源是什么？心理理论是不是人类所独有的，从黑猩猩到人是否存在心理理论发展的连续性，人的心理理论是否是进化的产物，是人区别于其他动物的除语言之外的又一个标志？弗拉维尔认为，对人类和非人灵长类的心理理论进行比较研究对于了解心理理论的起源、本质，进一步理解人类心理理论的发展过程和机制是非常重要的。

第一节　来自非人灵长类研究的证据：连续性和独特性

一　非人灵长类具有心理理论吗？30 年后的回答

在普瑞马克和伍德拉夫的文章《黑猩猩是否有心理理论?》发表 30 年后，德国马普进化人类学研究所的考尔和汤姆塞拉（Call & Tomasello, 2008），在著名的《认知科学进展》杂志上发表了一篇文章，题目是《黑猩猩有心理理论吗？30 年后》。该文既是作为对普瑞马克和伍德拉夫的开创性论文的纪念，也是试图在 30 年后，根据研究结果回答 30 年前的问题。他们提出，黑猩猩在许多方面可能不具有心理理论能力，而在另外一些方面可能又具有心理理论能力。实验表明，黑猩猩也许可以理解目的和意图，以及其他个体的知识和知觉，但没有坚实的证据表明黑猩猩可以理解错误信念。他们认为，黑猩猩可能根据知觉—目的心理学（perception-goal psychology）理解其他个体，而并不像儿童那样具有信念—愿望心理学。

（一）对视觉知觉经验的理解研究

所谓视觉知觉经验，是指个体通过眼睛对周围世界进行观察而获得的经验。对视觉知觉经验理解的研究，主要是了解个体在社会交往中，能否通过对其他个体注意状态的知觉，从而建立起关于其他个体的知识或经验。研究的范式一般是考察被试者能否建立起“看—知道”（seeing leads to knowing）或者“知觉—知识”（perception—knowledge）的联系。因为视觉是生物个体接受外部信息的主要通道，所以个体能否通过获得的视觉知觉信息，形成一定的表象和关于其他个体的知识，并在此基础上做出相应的行为，对个体的生存和个体间交往是非常重要的。

波维内丽等人（Povinelli，Eddy，Hobson & Tomasello，1996）测试了黑猩猩、恒河猴和3—4岁的人类儿童能否通过视觉知觉信息形成一定的知识。实验是这样进行的：被试者坐在一个玻璃隔板后面，看到实验者把食物放在了两个盒子的其中一个里，但屋子里的装置使被试者观察不到究竟是放在了哪个盒子里。当给被试者两个盒子让其进行选择时，有两个人会向被试者传递知识信息：一个是“知道者”，另一个是“猜测者”；“知道者”或者自己把东西放在哪儿，或者看到了东西放在哪儿。而“猜测者”要么在放东西时走出屋子，要么用布蒙上头站在屋子的角落里。他们各自指着一个盒子表示食物放的位置。如果被试者能够通过对他人注意的知觉而了解他人的知识状态，那么就应该按照“知道者”的指示选择盒子。结果发现，恒河猴和3岁的人类幼儿不能通过这样的测试，而4岁儿童都能完成这样的任务。有些黑猩猩不能通过，有些经过了多次试验后，也能选对。显然，按照这个实验的结果，恒河猴不能建立起“知觉—知识”的联系。对黑猩猩的实验结果，作者并没有给出肯定的结论，因为黑猩猩也许经过了一些试次的实验，形成了一些简单的联系（如人和食物的位置），学会了一些策略，从而不去选那个猜测者所指的盒子，也就是说它们的表现并不是建立在理解他人的知识状态基础上。

巴斯等人（Barth，Reaux & Povinelli，2005）发现，黑猩猩能够把正在观看它们的实验者和没看它们的实验者的注意状态区别开，但它们好像不会把视觉知觉理解为一种注意的内部状态。被试者似乎学会了程序化的、基于刺激的规则，如在观看实验者的脸以及眼睛时，能利用脸部和眼睛所传达的信息。但是，哪怕被试者对这个任务很熟练，他们所依靠的似乎也只是基于刺激的规则，而不是对“看”这样一种行为的心理状态归因。在合作与竞争情境中，预测同种族其他个体的行为是一种重要的生存技能。对行为预测的机制有两种，即基于线索的方法和基于知识的方法。前者主要是建立刺激和反应间的联结，而后者要求个体抽象出刺激间的关系，形成一定的知识状态。但是考尔和汤姆塞拉认为，如果仅用第一种机制来解释社会交往中的行为是不够的，基于知识的社会认知也并非仅仅是学会对特定的线索做出反应，而是要运用知识来解决问题。汤姆塞拉等人（Tomasello，Hare，Lehmann & Call，2007）采用注视跟随（gaze-following）和社会竞争（social competence）的实验范式，对黑猩猩是否会利用视觉知觉经验来推测其他个体的知识状态，并采取相应的行动来解决问题进行了研究。他们发现，等级较低的个体会取走放在屏障物后高等级个体看不到的食物，而不取高等级个体能看到的食物。从而可以推测，等级较低的黑猩猩知道等级高的个体看到了食物意味着什么，也知道高等级个体没有看到食物放置的地点时，可以取走食物而不会对自己有危险。他们认为，黑猩猩并不仅仅是在形成刺激和反应之间的联结，它们还能从经验中抽取出知识，并使用这种知识来解决问题。由此他们主张，黑猩猩的社会交往可能受它们关于社会情境的知识调节。但考尔也认为，这并不必然意味着黑猩猩能对其他个体的视觉经验形成表象，或者理解其他个体拥有不同于自己或不同于事实的信念。

（二）对目的和意图的理解

前面曾提到了普瑞马克和伍德拉夫1978年的实验，他们发现，黑猩猩莎拉能从所给的图片中选择属于正确解决办法的那张。研究者认为黑猩猩能理解人的目的和意图。他们提出，某个个体如果出现“要”、“想”或者“相信”等心理活动时，这种心理活动就可能成为行为的原因，而依据这种心理状态来预测他人的行为，就是心理理论。他们推测黑猩猩也许在最弱的意义上，可能拥有一定程度的心理理论能力，即在非人灵长类和人类之间存在这种推理系统的相似性和发展的连续性。他们研究认为，就心理理论而言，黑猩猩至少能推测人（实验中的实验者）的两种心理状态：意图或目的；知识或信念。例如，黑猩猩理解在录像中看到的人的意图（想得到香蕉），然后在所给的描述问题解决办法的图片中选出正确的那张。他们提出，心理理论和刺激—反应联结的解释并不互相排斥，也许幼儿和较低等的种群会依靠联结机制形成“预期”，但可能并没有建立起“理论”系统，而成人和较高等的种群形成了这种“理论”系统。

有些研究者试图采用其他研究方法，来测试非人灵长类是否能理解目的和意图。乌勒尔和尼柯尔斯（Uller & Nichols，2000）利用“观看时间方法”（looking time methodology）的实验技术，发现黑猩猩能进行目的归因。戈麦斯（Gémez）曾测试了大猩猩对人意图的归因能力，结果大猩猩也同黑猩猩一样，有对简单意图的归因能力。但他借鉴巴伦－科恩（Baron-Cohen，1997）用来解释孤独症儿童的心理理论缺损的模块理论模型来解释研究的结果。他认为，大猿只需要意图检测机制（intentionality detector，ID）、眼睛方向检测（eye-direction detector，EDD）和共享注意机制（shared attention mechanism，SAM），就可以实现对其他个体意图的识别和归因，而不必然拥有心理理论模块机制（theory of mind module，TOMM）。

（三）对愿望和信念的理解

对信念和愿望的理解，在心理状态理解中属于较高层次。考尔和汤姆塞拉（Call & Tomasello，1999）采用实验室研究方法，试图设计不同于传统错误信念理解测试的非言语错误信念测试，来测查人类儿童和大猿的错误信念理解能力。他们的实验对象是4—5岁儿童和7只大猿（5只黑猩猩和2只黄猩猩），7只大猿在以前都参加过其他一些认知研究的实验。这些大猿都知道在一个盒子上放一个标签，表明这个盒子里有食物。有一个黄猩猩早年是在人类的抚养下长大的，并学会了一些技能。采用藏和找的游戏任务，来测验被试者是否能理解错误信念状态。实验者把食物放到两个盒子的其中一个里，这时有一个信息传递者看到了这个过程，而大猿不能看到食物被放在了哪个盒子里，但能够看到信息传递者看到了这一过程。然后实验者把两个盒子拿给被试者看，并且交换了两个盒子的位置。这个过程被试者能看到，而信息传递者当时是在屋子的一角，没有看到这一过程。然后信息传递者回来，把一个标签放到其中一个盒子上，表明食物在这个盒子里。之后让被试者去找食物在哪个盒子里。显然被试者要是能顺利地找到食物，必须知道信息传递者并不知道盒子的位置已经交换，从而产生了错误信念。结果大猿被试者在所有试次中仅有 10.7% 正确地选择了盒子，远低于机遇水平。特别是有 5 个大猿被试者在 4 个试次中没有一次正确选择了盒子。实验的结果不支持大猿具有能对他人的错误信念进行归因的观点。从以上的研究分析可以看出，采用不同的研究方法和实验范式，针对不同的研究内容，得出的结果是不一致的。那么黑猩猩有心理理论吗？如果有，与人类相比，非人灵长类对心理状态的理解发展到什么程度？从目前已有的研究结果看，也许如普瑞马克和伍德拉夫（1978）所说，在最弱的意义上说，黑猩猩可能拥有一定程度的心理理论。

二　心理理论概念的界定和对实验结果的解释

心理理论的概念，虽然仍旧没有超出普瑞马克和伍德拉夫的框架，但发展心理学领域对这一课题的研究已经发展出许多实验范式，所考察的范围也相当广泛。对人类儿童和非人灵长类的比较，涉及心理推理系统的起源和基础。

波维内丽和冯克（Povinelli & Vonk，2003）主张人类有心理理论，而黑猩猩没有心理理论，但汤姆塞拉（Tomasello）认为这样的说法有些非黑即白的误导倾向。如果按照心理理论的广义概念，那就不能肯定地说，黑猩猩完全没有像人类一样的理解其他个体心理过程的能力。有一些野外考察研究，发现在黑猩猩种群中，表现出类似欺骗的行为现象，说明他们也能利用心理状态理解达到某种行为目的。虽然以前研究发现，人类儿童到 4 岁才能理解他人的错误信念，但是，现在有些实验也表明，1—2 岁的儿童能够理解“看”这一行为的潜在心理过程，以及愿望和有目的的行为背后的心理状态，所以，我们如果把是否通过错误信念理解测试作为获得心理理解能力的标准，则显然是既不符合儿童发展实际，也与我们的经验不符。

实验设计和社会生态学效度问题，是把人类儿童和非人灵长类被试者进行比较研究面临的另一困境。针对所要考察的问题，设计恰当而严谨的实验来验证假设，是解释结果效度的关键。非人灵长类或者其他动物，因为没有类似人类的语言符号交流系统，在采用临床法或者实验法进行社会认知研究时，就显得非常困难。比如，用位置改变任务测试黑猩猩的错误信念理解能力，斯科特（Scott）提出，可以让被试者黑猩猩观看由黑猩猩自己表演的非言语任务，然后再让它去解决问题，即去哪儿找食物。但怎样让黑猩猩来表演这样一种情境，这是很难解决的问题。现场观察研究的好处就是能够采集到很多真实的、接近于非人灵长类自然生活状态的资料，但是对于我们想要研究的一些问题，则不能进行具体而细致的控制和干预。而以人类饲养的、受到人类文化影响或接受了一定训练的动物为实验对象，而实验者又是人类时，就存在着社会生态学效度问题。

文化是造成以上两方面困难的重要原因。黑猩猩和人类的文化有很多相似之处，比如都有很多类似的活动模式，而且依靠社会性学习，代代相传；帮助后代以更为有效的和代价最小的方式适应环境。但是，人类的文化可以依靠效率更高的间接传递方式进行，比如较为成熟的语言系统的使用，使得人类的信息传递可以超越时空限制。虽然不否认非人灵长类也有自己的类似语言的交流系统，但从各方面来说，都是和人类的语言交流系统不可比拟的。在把人类儿童和大猿进行的比较研究中，人类儿童被试者面对的人类实验者和熟悉的环境，而大猿虽然有与实验者相处的经验，但毕竟它们所面对的是非同种个体的环境。也许人类是唯一可能理解心理状态的物种，但从对非人灵长类的社会认知研究倾向上来说，汤姆塞拉认为这种观点把问题过于简单化了。

对实验结果的解释，涉及一个重要的概念，就是表征（representation）或者心理表征（mental representations）。个体要参与社会性的交往，首先要形成关于事物及事物间关系的心理表征。个体能够依靠心理表征，构造关于环境的知识。这种知识可能采取两种形式表达，即采用自己内部的心理过程（如表象），或者使用外部的符号系统（如语言）。许多研究者提出，黑猩猩即使拥有一定的心理表征能力，但是能否表征其他个体的心理状态，也是值得怀疑的。例如，一个个体对自己和其他个体的心理状态的表征，有不同的等级，如“我想与你一块玩”，“我想让你与我一块玩”，“我想让你相信我想与你一块玩”。这些采用语言符号系统对心理状态的表征，复杂程度是不同的。即使黑猩猩能够进行第一等级的表征，但能够进行后面两个级别的心理表征吗？人类进行抽象表征的一个重要工具是语言符号，因为语言符号能够使得表征一些抽象的事物和关系成为可能，而这对缺乏类似人类语言符号系统的大猿来说，它们怎么能够进行复杂的二级和三级表征呢？如果从这个角度考虑，“非人灵长类是否拥有心理理论”问题的可能答案是令人沮丧的。

波维内丽等人（Povinelli, et al., 1996）曾提出，非人灵长类能理解同种个体的行为，但对心理状态一无所知。它们能很快学会各种类型事件和其继发事件的关系，但不能根据潜在的心理原因来理解事件，例如，它们不理解其他个体对噪声的知觉以及由此引起的恐惧。但他们后来对自己的假设和观点进行了修正，因为他们发现一些证据，表明并确信一些非人灵长类（主要是黑猩猩）能够理解某些心理状态。他们认为，自己以前的实验之所以没有发现黑猩猩能理解心理状态，是因为实验中要求黑猩猩跟随一个指向食物地点的交流信号，而这不符合黑猩猩在自然状态下的认知能力。因为在自然状态下，黑猩猩几乎不会互相交流各自关于食物的信号。后来实验模拟了自然状态下的食物竞争环境，就发现黑猩猩能够理解其他个体的心理状态。但是对于这个结论，他们表示，黑猩猩对心理状态理解的程度，还需要进一步研究。他们假设，黑猩猩（或许还包括其他动物）拥有一种社会—认知图式，能使他们超越行为的表面现象而识别行为的意图。但他们同时也认为，黑猩猩不具有完全像人类心理理论一样的心理推测系统。

人类和大猿在社会行为模式上，可能存在一些共性，但是，还没有足够的证据表明，可以使用相同的方式来解释二者的社会行为。更为重要的是，人类推测同种族个体心理活动的能力，已经进化成特异的专门化的能力。比如，一些发展心理学家认为，涉及信念、愿望、欺骗、意图等的心理计算可能是领域特殊性的，即这种能力是只有在人类才进化出来的、区别于一般认知能力的特异能力。

三 非人灵长类和儿童的心理理论比较：可比性和结果

我们能否在非人灵长类身上发现心理理论的存在，即在种系发展中与人类有着较为密切关系的非人灵长类能否理解自己和其他个体的心理状态，并且依靠这种心理推理系统来调整行为。这是探索心理推理能力起源的重要课题。

在非人灵长类心理理论的研究中，行为观察是很重要的。即通过对非人灵长类的现场观察和行为记录，来了解他们的社会认知规律。这既包括对野外自然生活的群落观察，也包括对人类所饲养的甚至在一定程度上接受了人类文化训练的动物的观察。这就是行为轶事法的研究。如对非人灵长类的模仿行为、镜像自我认知行为和欺骗行为的观察研究等。这里举一个对野外黑猩猩的欺骗行为进行观察的例子。一个黑猩猩正在用石块砸碎坚果，它旁边的另一个黑猩猩向它发出理毛的邀请，但很快这个黑猩猩会趁其不备，把它的石块和坚果拿走。研究者对这个行为的分析是，黑猩猩似乎会使用手段诱使其他个体做出某种行为，以达到自己的目的。那么欺骗者必然知道他自己的某种行为会影响到其他个体的行为。对此问题的争论是，黑猩猩是在试图影响其他个体的行为，还是在试图影响其他个体的心理。非心理状态论者认为，人类能够依靠操纵他人的心理状态而操纵其行为，但黑猩猩这样做，可能依靠的是在生存情境中，学会很多种个别的刺激和反应间的联结。也就是说，黑猩猩虽然可能表现出欺骗行为，但并不是建立在心理状态欺骗的基础上。这就涉及对动物行为认知观察和实验结果解释的节俭化原则，即如果能使用较低级的原则来解释结果，就不宜使用较高级的原则。另外对轶事法的批评还包括，行为发生的偶然性，观察到的只是单个个体的行为。

波维内丽和冯克根据自己的研究结果，提出了行为抽象假设（behavioral abstraction hypothesis），这种理论观点认为，黑猩猩可能会形成关于其他个体行为的抽象表征。具体来讲，行为抽象假设提出，黑猩猩能够（1）构建行为的抽象的分类；（2）能够对行为的后续行为做出预测；（3）调整自己的行为。如果说黑猩猩利用的仅仅是行为抽象分类，那么推断说黑猩猩拥有心理理论，还是应该非常谨慎的。对非人灵长类行为的观察和描述资料相当丰富，但是否能从自然和半自然状态下的行为观察，得出非人灵长类拥有心理理论的规律性的结果，还缺乏强有力的证据。一方面，这种观测本身不能施加任何有意图的控制，缺乏有目的的和有效的设计。比如关于非人灵长类的欺骗，单凭自然状态下的观察，我们不能确定黑猩猩所采用的欺骗方法能否应用于其他情景。另一方面，观察的过程和对观察资料的解释，可能会受主观偏好和意图的影响。前文提到的非人灵长类实验室研究也存在一些问题，比如在实验室条件下，幼儿能够在1岁多时进行目光追随，但黑猩猩却不能。但是，不管是运用自然观察法还是实验室实验法，在研究结果上，把非人灵长类和人类相比，可比性都是一个不可回避的问题。我们应该看到，对于非人灵长类的行为解释，可以使用比较低级的机制，如刺激—行为之间的连接。但是，对于人类来说，针对不同类型的社会行为，可以采用较为低级的机制或者较为高级的心理推测系统来解释。

四 从非人灵长类到人：心理理论发展的起源和连续性

非人灵长类到底在多大程度上能理解其他个体的心理状态，并依靠这种理解来调节行为？海耶斯（Heyes）认为，非人灵长类的一些行为能力不能作为有心理理论的证据。我们没有找到确切的实验证据前，不应该再简单地问这样的问题，因为我们还没有恰当的实验设计能证明非人灵长类是否存在心理理论。对有关研究的讨论主要应该是两个方面，第一是能力，即非人灵长类是否确实存在有关的能力，如欺骗等。第二是效度，如果存在这种能力，它是否能够说是心理理论。比如，关于自我镜像认知的研究，首先，非人灵长类是否具有能够运用镜像作为自我身体探索的能力，涉及灵长类运用什么环境线索来引导行为。其次，这种自我镜像行为是否涉及自我概念，涉及要证明引导他们运用这种线索的是心理过程，而不是其他。针对研究设计来说，要求实验设计和测试程序能够把心理理论假设和灵长类行为的非心理理论解释区别开。野外的和实验室的研究都应该涉及实验操纵（以前的某些实验室研究还是接近于观察）。对实验对象而言，用普遍性的程序来比较猴子、类人猿和儿童的行为，比单纯研究类人猿更容易获得明确的证据。

从黑猩猩到人是否存在心理理论发展的连续性？人的心理理论是否是进化的产物？心理理论能力是否是人区别于其他动物的除语言之外的又一个标志？

如果说黑猩猩在某些方面具有理解其他个体的意图和目的的能力，不论是黑猩猩理解人类的意图和目的，还是理解其同类的意图和目的，这种理解与人类个体理解意图和目的的能力，是否存在发展的连续性，或者说二者是否在理解机制和发展本质上存在差异？从非人灵长类到人，是否存在社会认知进化的连续性？另外一个问题是，如果高级的心理理论是人类所独有的话，那么这种能力的获得是否是人类种群进化的产物，与人类社会化程度的关系如何。

有些研究者认为，心理理论是对社会环境适应的结果。一种进化论的观点认为，对于生物来说，不断增加的社会复杂性以及食物获得的竞争与合作，使个体要增加与群体中的其他个体进行交往的技能，比如，发现其他个体的欺骗行为。从一般动物到与人种族亲缘最近的非人灵长类，再到人类，社会复杂程度越高，所需要的这种能力越强。非人灵长类理解其他个体，并不一定需要对其他个体的心理状态进行观点采择，只依靠知觉就可以完成，而人类必须要具有较高级的发展完善的心理状态推理系统才能适应社会环境。那么从这个意义上讲，心理理论起源于社会环境的进化对生物提出的要求，从非人灵长类到人类可能存在着发展的连续性，但是人类的心理状态理解与非人灵长类以及更低等的动物可能存在本质的差别。虽然人类的社会生活和社会适应也依靠较低级的感觉和知觉系统，但发展完善成熟的心理理论系统是主要的工具。

第二节　儿童何时具有心理理论能力：基础和标志

一　关于儿童获得心理理论的起点

儿童心理理论的研究较早关注的并不是婴幼儿，而是 3 岁以上的儿童，因为在实验中，3 岁以下的婴幼儿的语言理解和表达能力、行为能力和交往能力都处于较低的水平，而临床访谈方法对儿童的语言和行为能力要求较高，所以心理理论研究兴起以来，研究者更关注的是 3 岁以上儿童的发展。韦默和佩尔奈所设计的错误信念理解实验表明，儿童到了 4 岁才能理解他人的错误信念，3 岁半以下儿童的通过率显著地低于机遇水平。研究者便把 4 岁儿童理解他人的错误信念看作是获得心理理论的里程碑式标志。佩尔奈等人认为，之所以把错误信念理解看作是获得心理理论能力的标志，是因为儿童能够理解他人的错误信念，意味着获得了元表征（meta-representation）能力。元表征是对表征的表征，它反映了心理理解的本质，因为只有获得元表征能力，儿童才能够理解思想中对事物或事件的表征。皮亚杰的研究认为，儿童到了 7 岁才能理解人的心理，显然，儿童到了 4 岁能够理解以错误信念为标志的心理状态，表明皮亚杰低估了儿童的心理理解能力。如果儿童到 4 岁才获得心理推理能力，那么 4 岁之前儿童的心理理解能力如何呢？难道婴幼儿没有一定的心理理解能力吗？于是人们开始研究3岁之前的儿童心理理论的发展状态。本书最后一章将集中讨论这个问题。

4岁以下儿童在标准的错误信念理解测试中为什么表现失败？研究者认为，这可能与错误信念理解测试中的语言要求和记忆负荷有关。这种测试通过语言讲述的方式进行，而且要求儿童在完整理解故事后，用语言进行回答。这对儿童被试者的认知水平提出了很高的要求，有些儿童的错误反应并不表明他们一点儿也不理解错误信念。很多研究者使用语言和记忆负荷较小的任务测验幼儿的心理理论，得出了一些不同的结果。克莱曼和佩尔奈（Clements & Perner，1994）提出了信念的内隐理解的思想，即幼儿虽然不能通过语言或行动等外显的测试，但可能存在着对信念的内隐的理解。

鲁夫曼等人（Ruffman，Garnham，Import & Connolly，2001）研究了儿童的盯视是否意味着他们对他人错误信念内隐的理解。虽然3岁的孩子在标准的位置改变任务测试中回答错误，但在实验中，他们的眼睛却盯视着应该选择的正确位置。那么，3岁到5岁的孩子，眼睛盯视着正确的位置，是一种无意识的表现，还是反映了他们虽然能够理解他人的错误信念，但把握程度较低呢？如果反映了他们虽然能理解错误信念，但回答的信心程度较低，可能说明儿童对错误信念的理解到了一定年龄才能通过外显的方式表达出来。加纳姆和鲁夫曼（Garnham & Ruffman，2001）的研究也重复和进一步延伸了这个结果，在错误信念测试的位置改变任务中，使用三个位置而不是两个，发现儿童虽然不能对错误信念测试回答正确，但却一直注视着正确的位置。这些研究表明，心理理论发展可能是一个动态的过程，即儿童对错误信念的理解可能不是一个“全”或“无”的过程，而是从内隐的理解，到不确定的理解，再到完全理解的过程。

卡彭特等人（Carpenter，Call & Tomasello，2002）对36个月的幼儿设计了一种新的错误信念理解测验。幼儿和两个成人实验者观看把一个物体放进盒子里，之后，第一个实验者离开房间，第二个实验者把这个物体换成了另一个。第一个实验者回来，表示出想要那个物体的愿望，并试图打开盒子但没有成功。然后看着两个物体说：“哦，那就是，你能给我拿过来吗？”对儿童反应的潜伏期（即反应时间）和不确定性进行分析，以确认那些做出正确反应的儿童是幸运的猜对还是真正理解了。结果有三分之一到三分之二的儿童在决定实验者想要的东西时，充分考虑到了成人的错误信念。

尾西健和巴亚热昂（Onishi & Baillargeon，2005）在《科学》杂志上发表了一篇文章，题目是《15 个月的婴儿理解错误信念吗?》。他们使用了违背—预期（violation-of-expectation）的实验方法来检测婴儿对错误信念的内隐的理解。违背—预期实验方法的思想是，儿童根据自己的逻辑推理系统，在一定情境中，预测他人的某种行为将会以某种方式发生。如果他人的行为符合了自己的预期，则不会过多关注，但如果他人的行为违背了自己的预期，或者与自己的预期不一致，则关注的时间会较长。比如，在一个实验中，桌子上放着两个盒子，幼儿和实验者都看到一个“西瓜块”道具开始放到了其中一个盒子里。之后盖上盒子，在实验者不知道的情境下，西瓜块道具移动到另一个盒子里。如果幼儿拥有了错误信念理解系统，那么他会预期实验者不知道的情况下，会去原来的盒子里找。如果幼儿看到实验者去原来的盒子里找，就是符合预期的，而如果到另一个盒子里找，就是不符合预期的。在后者这种情况下，婴儿观看的时间就比较长，可能觉得实验者的行为不可思议。实验程序包括熟悉阶段和信念引发阶段。结果发现，幼儿都期望实验者到西瓜块道具原来所在的盒子里找。他们在研究结果中说，15 个月的婴儿已经拥有（至少是初步的和内隐的）表征性心理理论，即能够意识到他人的行为依据真实或错误的信念。

这个解释对以前的观点提出质疑，就是儿童到 4 岁才会出现从非表征性的心理理论到表征性的心理理论的转变。但在同期杂志上，鲁夫曼和佩尔奈（Ruffman & Perner，2005）对上述实验结果提出不同的观点。他们认为，这个实验结果无法说明婴幼儿到底能够理解多少心理状态，为什么 3 岁的孩子在言语的错误信念理解测试中失败，而 15 个月的孩子就能在非言语任务中预期他人基于错误信念的行为？研究表明，2 岁半的孩子在实验中没有表现出这种内隐理解的迹象。

鲁夫曼和佩尔奈提出了两个观点，以用来解释尾西健和巴亚热昂的实验结果，其一，从幼儿加工有关事件的神经激活上看，幼儿可能形成了“演员—物体—位置”的联结，而幼儿观看时间的变化，只不过是不同元素的联结的反映。其二，从进化观的角度看，幼儿的反应也许只是行为本身，幼儿并不知道心理是行为的中介，也就是说，并不能从幼儿的反应推测幼儿存在着多少心理理解的成分。也就是从理论解释上遵循节俭的原则，哪怕是对于4岁儿童来说，也不能仅仅从他们在某一个特定测试中的反应来下结论。他们认为，真正表征性的心理理论离不开语言和文化的因素。由此看来，也许尾西健和巴亚热昂高估了15个月婴儿的心理理论能力，即使存在某种对心理的理解，恐怕也不能和4岁的孩子以及成人相提并论。

关于儿童何时获得心理理论，还与心理理论的概念和所采用的测试任务有关。前面提到，如果把儿童获得错误信念理解看作获得心理理论的标志，那么就从儿童是否能通过错误信念测试来判断显然是合理的。但按照心理理论的概念，如果我们下结论说，4岁才获得对他人或自己心理状态的理解能力，这又是不符合实际的。首先心理理论指对各种心理状态的理解，包括在理解错误信念之前早已发展的对简单的真实信念，对各种愿望的理解，对意图的理解和对他人情绪的理解。只根据是否获得错误信念理解来衡量心理理论的获得，显然把心理理论的概念狭窄化了。其次，从实际经验说，儿童在4岁之前显然已经具有了跟同伴和成人进行一定程度交往的能力，虽然心理理解能力有限，但我们没有证据表明婴儿对他人的心理一无所知，也许只是他们的心理理论能力较低而已。从发展的角度来看，儿童的心理理解能力从出生后很快就开始了，只不过我们要探讨在生命的不同时间段心理理解能力发展的状态。这就涉及心理理论的个体发生学。

二　儿童心理理论发展的萌芽：盯视追随和假装

作为一种高级的社会认知能力，心理理解能力存在着发展的过程。也就是说，理解心理状态，包括从最简单的复制他人的心理状态，到能够对他人的心理状态进行抽象的表征，都存在一个从无到有、从内隐到外显、从萌芽到出现，从幼稚到成熟的过程。这个过程中，幼儿表现出的两种行为现象受到研究者的关注，第一种现象是个体的盯视追随（gaze following），第二种现象是假装（pretending）。所谓盯视追随，是指个体可以顺着另一个人的眼光去看同样的物体和注意同样的事件，并分享共同的经验和意义。假装是指个体可以用一个物体假扮另一个物体，或者假扮不存在物体和事件的行为现象。这两种现象与心理理论的发展有着密切的关系，这里引用一些研究和观点，主要讨论它们是如何与心理理论发展联系在一起的。

（一）盯视追随

视觉追随是联合视觉注意（joint visual attention）的一种反应。卡彭特等人（Carpenter，Nagell，Tomasello，et al.，1998）把联合注意分为不同形式，在行为表现中，这些形式又分别发生于不同的阶段。包括在注意检测阶段的联合参与（joint engagement），跟随注意阶段的盯视跟随，以及引导注意（directing attention）阶段的指向跟随（point following）。它对个体理解周围的各种物理性事件和社会性事件，以及顺利进行社会交往具有非常重要的作用。

斯凯菲和布鲁纳（Scaife & Bruner，1975）最先探讨了幼儿的这种盯视追随能力。在实验中，一个实验者跟婴儿建立了眼光注视的联系，随后把头转向左边或右边 1.5 米处的一个信号灯，注视 7 秒的时间，然后再转回来跟婴儿交流。发现 10 个 2—4 个月的婴儿有 30% 的试次把头主动转向实验者所注视的方向。随着年龄的增长，这种视觉追随能力逐渐发展，5—7 个月的婴儿达到 38.5%，8—10 个月的婴儿达到 66.5%，11—14 个月的幼儿达到 100%。后来的研究者考察了不同年龄的幼儿依靠视觉追随，定位他人注意物体的准确性，发现婴幼儿在视觉追随中，尽管能够顺着他人注视的方向转移视线，但共同注视的物体是否在视觉扫描的范围以及物体所处的方位都会影响到幼儿定位的准确性，到 18 个月的时候，这种通过视觉追随进行准确定位的能力才会达到较高的水平（Butterworth & Cochran，1980）。

考克姆和摩尔（Corkum & Moore，1998）使用训练研究的方法和程序，考察了联合视觉注意发展的来源。实验的结果表明，联合视觉注意在 10 个月以前并没有很可靠地出现，大概从 8 个月的时候开始，盯视追随反应可以通过学习而获得，但是，婴儿仅仅通过简单学习获得的这种行为反应，并不必然意味着获得了一定的意义和信号价值。他们提出，在 8—9 个月时，婴儿可以利用有效的社会线索来收集关于周围世界的信息，但并不必然具有理解他人注意的意识，而可能只是为婴儿获得这种理解提供了某种经验而已。由此，我们可以认为，视觉追随在婴儿 1 岁末的时候开始明显地表现出来，这对于婴幼儿了解他们周围复杂的世界，通过联合视觉注意机制获得更多的经验打开了一扇窗户。通过这扇窗户，婴幼儿开始接受外部的简单或复杂的刺激信息，随着自我意识和认知功能的增强，实现内部理解和外在信息之间的交换，从而获得对个人发展来说非常重要的主观体验。

儿童在很小的时候就开始用眼睛打量周围的世界，尤其对他人的面孔和眼睛感兴趣。巴伦－科恩（Baron-Cohen，1994，1995）用“面孔读心任务”来衡量孤独症儿童理解他人心理状态的能力。正常儿童不但对人的面孔存在观察偏好，而且可以通过仔细观察他人的面孔信息，从而理解心理状态。这是因为面孔作为一种重要的社会性线索，反映出人的内部心理状态（如情绪）。但是，孤独者儿童很难通过注视面孔获得心理状态的信息。李康等人（Lee，Eskritt，Symons & Muir，1998）进一步检验了巴伦－科恩（Baron-Cohen）的研究结论，检验了儿童在“读心”（mind-reading）中能否使用眼睛盯视信息，比如使用眼睛盯视方向推测他人的愿望。他们发现，给儿童呈现静止的眼睛盯视线索时，仅 4 岁的儿童能够使用他人眼睛盯视的方向来推测愿望，当呈现动态的眼睛盯视线索时，2 岁的儿童就已经可以单独利用眼睛盯视信息推测他人的愿望。他们根据研究结果提出，巴伦－科恩的读心模型存在局限性。在巴伦－科恩提出的心理理论的共享注意机制中，眼睛盯视起着特殊而关键的作用。但他们认为，儿童除依赖眼睛盯视外，还依赖其他非言语线索（如指向和头的朝向）来推测愿望，而这些线索的利用则出现得比眼睛盯视早。

从以上研究和观点看，在心理理论发展中，眼睛盯视和共享注意可能与其他各种线索信息共同起作用。这是因为，儿童面临的现实情境各种各样，当不能使用一种线索获取有关信息时，就可能依赖另外的线索，而且存在着对各种社会性线索（例如，面部表情、眼睛盯视、指向、身体朝向、其他身体动作等）的整合。更为重要的是，理解不同的心理状态也会涉及不同的机制，当理解比较复杂的信念时，个体只能从一些外在的线索看到表面的东西，甚至是一些错误和虚假的现象，这时从面部表情和眼睛甚至可以发现更多的线索，以帮助进行分析和判断。

那么，是否也可以把盯视跟随看作一种心理理论的成分，或者说它仅仅是心理理论能力发展的基础和萌芽呢？比如，儿童在 24 个月时可以获得一级观点采择能力，能够理解他人和自己在同样的情况下所看到的东西可能是不同的（Moll & Tomasello，2006）。这种观点采择能力就一定会以眼睛盯视为基础，因为个体要知道别人看到的是什么，必然会产生共享的联合注意。但是综合有关的研究，可能要得出2岁儿童的眼睛盯视本身就具有心理理解的成分，还缺乏充分的证据，多尔蒂（Doherty，2006）的研究认为，儿童要到3岁才会获得这种心理性的盯视理解（mentalistic gaze understanding）。在此前，儿童的盯视追随可能是心理理论发展的基础或萌芽，而非心理理论能力本身。

盯视追随和语言的关系也受到研究者关注。布鲁克斯和梅尔佐夫（Brooks & Meltzoff，2005）研究了9个月、10个月和11个月婴儿盯视跟随的发展以及它和语言发展的关系。婴儿观看一个成人闭着眼或睁着眼转头去看一个目标物体。发现10个月和11个月的婴儿在成人睁着眼睛转头时更经常追随成人转头，而9个月的婴儿在成人睁着眼和闭着眼时，追随成人的转头情况没有显著差异。他们认为，年龄稍大的孩子会以一种新的方式理解成人的转头行为。而且他们发现婴儿的盯视跟随行为和18个月时的语言测验得分有显著的正相关。这个研究也许提示我们，婴儿的盯视追随与他们随后从成人处获得对事物的表征有一定关系，而这是学习语词所必不可少的。汤姆塞拉和法勒（Tomasello & Farrar，1986）探讨了联合注意在早期语言发展中的作用。他们对24个幼儿在15和20个月时在自然情境下与母亲的交往进行录像，例如，与母亲一起玩一个东西；幼儿给母亲拿起一个调羹，看着妈妈的脸。母亲把调羹放进杯子里，幼儿拿出来放进嘴里舔一下，再放进杯子里，直到注意力转移开。如果幼儿单独玩就不算作共同注意的情况。记录幼儿和母亲的语言表现，如幼儿每分钟发声的次数、词的多少和物体标签的多少以及总的说话平均长度（mean length of utterances：MLU）等，另外，还记录每分钟共同交谈的次数和每次谈话中幼儿轮换说话的次数。研究者还对母亲提及一个东西时的注意因素进行编码，包括母亲是否引导儿童的注意，是否转移了幼儿的注意，是否还依赖其他非言语或姿势的线索来引导儿童的注意，幼儿是否在视觉上注意了母亲所提及的东西。分别对共同注意情境片段之内的和之外的这些指标进行编码。结果发现，在联合注意情境内，儿童注意到的母亲对物体的提及，与21个月时的词汇水平存在显著正相关的关系，而转移注意的引导与词汇水平存在显著负相关的关系。研究结果提示我们，在母亲与儿童共同游戏和娱乐中，尽量不要随意转移儿童的注意力，保持儿童的注意力在所关注的事物上，会有利于幼儿和儿童学会新颖的词汇，掌握事物的特征和意义。

布鲁克斯和梅尔佐夫（Brooks & Meltzoff，2008）强调，社会认知功能和盯视跟随以及指向在词汇学习中存在重要的作用，他们对 10—11 个月的婴儿进行盯视跟随和指向的观察记录，比如在一个实验情境中观察成人的转头注视行为，并同时测量词汇水平，再在随后的三个时间点即 1 岁 2 个月、1 岁 6 个月和 2 岁时测量词汇量，发现那些盯视跟随和看目标物体（即成人观看的物体）时间越长的幼儿词汇增长越快。科威兹奥特和沃格特等（Kwisthout & Vogt，2008）使用计算机模拟的方法进行了研究，他们认为，联合注意是语言进化和心理理论进化共同的基础和前提。由此可见，很多研究支持和主张联合注意在语言发展中的重要作用。

但是，也有研究者对联合注意在语言发展中的关键作用提出质疑，认为眼睛盯视跟随并不是语言获得的必要条件和前提。例如，阿赫塔尔和格恩斯巴彻（Akhtar & Gernsbacher，2007）回顾了联合注意和词汇发展的关系。他们认为，在正常发展环境下，即使没有联合注意，词汇学习也是可以发生的，例如，孤独症和威廉姆斯综合征缺乏联合注意行为，但他们也可以学习词汇。而一些唐氏综合征患者，尽管有联合注意的存在，但词汇学习却很困难。所以他们认为，联合注意是词汇学习的必要和充分条件的观点并没有得到普遍的支持。我们认为，语言学习与环境和人际交往存在密切关系，幼儿的词汇获得可能存在不同的途径，但是，我们很难假设一个联合注意能力从来没有得到发展的个体，在词汇和语言学习中会是什么样的结果。

把联合注意，语言发展和心理理论发展联系起来，我们可以发现它们之间存在密切的关系，正像前面提到的，有研究者认为，联合注意可能是语言发展和心理理论发展共同的基础，而这三者都是发生在人际交互和社会生活环境中的，实际上我们应该把它们放到个体发展和社会发展的大背景中考察，我们认为，个体在与母亲等成人的交往中，学会关注别人所关注的对象，从而获得对事物的概念表征，在这个基础上，逐渐理解别人的思想和态度，包括愿望、信念等，这也许是在 1 岁末到 3 岁前联合注意、语言发展和心理理论发展的可能模式。

（二）假装

前面提到，假装是指一个人可以把一个东西看作另外一个东西，或者假设一个并不存在的物体或场景，或者装扮成某种角色。例如，一个幼儿可以把一个香蕉当作电话，假想自己手里在拿着一个盛满水的杯子，并装出喝水的样子，又或者自己拿根木棍当枪，装扮成解放军的样子。幼儿大概在18个月时开始可以进行假装，在28个月时认识到他人可能在进行假装。可见，儿童早期的假装仅仅涉及把一个物体假装成另外一个在外形上相似的物体，还不涉及心理的内容。但这种假装代表了一种很大的进步，因为幼儿可以在心理上把一个物体表征为另一个物体，并知道两者事实上是不同的。能够假装在喝水，而杯子里什么都没有，就表明假装可以不依赖外在的“符号”，而使用心理符号来表征一个物体。再后来，儿童可以独自或共同装扮某种角色或场景，表明可以把假装应用到社会关系中，或在心理上涉及物体的多重表征，涉及表征事物之间的关系。研究者认为假装是儿童抽象思维的开始，是使用符号来表征客体的开始。

假装是幼儿非常重要的一种日常活动，对于心理发展是非常重要的。有研究者发现，假装和后来的心理理论错误信念理解之间存在密切关系。道科特（Dockett，1998）发现，参加假装游戏的儿童，要比控制组儿童通过错误信念测试的年龄提前。杨布雷德和邓恩（Youngblade & Dunn，1995）发现，在33个月时参与假装游戏的儿童要比不参与假装游戏的儿童，在40个月的时候错误信念理解测试中取得较好的成绩。詹尼弗和阿斯汀顿（Jennifer & Astiongton，2000）的研究表明，3—5岁的孩子，在假装游戏中关于活动主题的主张，角色的安排能力与错误信念理解成绩存在显著正相关。

假装本身常常伴随心理谈论。儿童在简单的假装活动中，常常会在言语上有相应词汇的表达。比如，儿童最初看到父母拿起电话，也会出现模仿打电话行为，儿童可能开始学会了电话的概念，并在头脑中产生了关于电话形状的表征。之后，在游戏中会把形状类似于电话的香蕉当作电话用，并可能说“喂，喂”或告诉别人“我在打电话”。如果儿童根本没有电话性质和形状的表征，可能很难产生这样的假装。尤其在各种假装游戏中，幼儿一起活动，体验社会生活情境，学会分配角色，安排角色的特征，根据角色之间的关系，布置不同的任务和活动内容。这种假装游戏，不但包含了对角色关系的理解，而且涉及对复杂社会关系的体验。在整个活动中离不开语言交流和关于活动内容的谈论。所以假装和假装游戏中的语言和心理谈论应该对个体的心理理解能力的发展起到很大的促进作用。

一旦儿童学会了假装，那么它就与意图和目的联系起来。比如，幼儿假装要喝水。关于意图和目的的假装涉及两个方面，即自己的意图和目的假装，识别他人的目的和意图的假装。儿童在假装游戏中逐渐理解他人的目的和意图可能是假装的，这是很大的进步。例如，儿童向别人要一个东西，别人假装不给他和真的不愿意给他，这是不同的。儿童只有在理解了假装情境中的意图和目的时，才能真正理解他人的意图和目的是真实的还是假装的。

假装与后来发展起来的欺骗有关。假装本身就是一种对事物的伪装，一个东西不是其本来的模样，或者一个意图是假装的，都会在欺骗中派上用场。所以一个儿童要学会欺骗，可能先要理解假装。

莱斯利（Leslie，1987）认为，儿童假装和认识到他人在进行假装都依赖关于“假装”的心理状态概念。即是说，儿童要在心理上拥有了“假装”的心理概念，之后才能够进行假装。他认为，假装涉及了心理表征，那么为什么儿童在 18—24 个月就出现了假装和理解了他人的假装，而到了 3 岁还不能理解错误信念呢。这是一个需要解释的问题。有研究者认为，假装中的表征和心理理论的错误信念理解中的表征不是一回事。假装中的表征要简单得多，因为有时候它不涉及心理的内容。而错误信念理解中的表征要复杂些，不但涉及心理的内容，还涉及自我和他人的心理表征，涉及正确的和错误的心理表征。

从假装和心理理论发展的关系上来看，认为假装就是心理理论的一种表现，这种观点还是缺乏充分的依据。首先，从目前大家都认可的心理理论的概念来看，假装的成分还很难说是心理理论。因为某些假装不涉及心理的成分，而心理理论必然要求一个儿童可能理解他人的心理表征，甚至是错误的心理表征。其次，假装可能是心理理论发展的萌芽，这种观点得到一些心理学家的支持。因为它涉及了对物体的不同表征，例如用香蕉来表征电话，在头脑里对角色进行分配。最后，假装可能是后来表征性心理理论发展的重要基础，从很多研究看，幼儿早年参与假装，几乎是每个社会和文化环境下的幼儿共有的一种特征，表现出跨文化的一致性。

第四章

异常人群对世界的理解:心理理论能力损伤及其机制

正常个体的心理理论发展符合一般的发展规律，即便存在个别差异，也是在正常范围内所允许的，不会影响到个体其他认知方面的发展、社会生活和人际交往。但对于存在心理发展障碍和身体发展障碍的个体来说，心理理论能力的发展就存在异常。对于异常个体的研究，一方面有利于我们理解心理理论的本质、发展机制和规律；另一方面，有助于我们了解心理理论异常给个体带来的影响，为异常个体的咨询、治疗和康复训练提供新的思路和理论指导。

本章主要讨论有关孤独症、聋童的心理理论研究。

第一节　孤独症的心理理论损伤及其机制

孤独症，又称自闭症，是一种病因未明的广泛性发展障碍（pervasive developmental disorders，PDD），一般在3岁前就表现出发展的异常。澳大利亚医生阿斯伯格发现，某些儿童期“孤独性精神病质”个体可能存在一定的言语能力和思维能力（Asperger，1944），后来有研究者提出“阿斯伯格综合征”一词，用来指语言和思维能力水平较高的孤独症个体。另外，还有一类智力正常的孤独症统称高功能孤独症。孤独症的症状主要表现为刻板行为，语言发展障碍和社会交往障碍。孤独症个体典型地表现出语言能力或言语交流功能的损伤，缺乏目光接触和交流。

研究者们试图从基因、神经基础、意识和认知等各种角度进行研究，寻找孤独症的发病机理和致病原因，并解释孤独症的言语、交往能力、社会功能以及想象能力的损伤。从认知加工的层面讲，孤独症个体缺乏对信息的认知加工能力，在感知觉、注意、记忆和思维等各个方面表现出损伤。其中心理理论假说，执行功能假说和弱的中央一致性假说是影响很大的几种理论观点。我们将从孤独症个体的心理理论缺损、言语能力对孤独症个体的心理理论影响，以及临床干预等方面进行探讨。

一 孤独症的心理理论损伤

最早从心理理论角度探讨孤独症发展障碍的是巴伦－科恩等人。他们（Baron-Cohen，Leslie，& Frith，1985）在《认知》（*Cognition*）杂志上发表了一个研究，题目是《孤独症有心理理论吗?》。巴伦－科恩等人运用错误信念测试中的位置改变任务对孤独症、唐氏综合征和正常儿童的心理理论进行了测试，他们发现并认为，孤独症儿童整体缺乏心理理论能力，这种缺陷不是一般的心理发展迟滞，而是心理状态理解和推理的本质上的损伤。巴伦－科恩等人（Baron-Cohen，Leslie，& Frith，1986）还采用图片排序任务来检验孤独症对不同类型事件的理解。研究结果发现，孤独症儿童在对涉及心理状态归因的事件图片排序时，成绩显著差于正常儿童和心理年龄较低的唐氏综合征个体。巴伦－科恩等人（Baron-Cohen，et al.，2001）让阿斯伯格综合征、高功能孤独症和正常成人被试者观看人的眼睛部位的照片，判断其中所包含的心理状态，例如，眼睛可能反映了一个人愤怒或轻蔑的情绪，之后，要求被试者在两个表示心理状态的语词中选择一个（例如，“愤怒”或“轻蔑”）。另外一个任务不涉及心理状态判断，如要求被试者判断照片中人的性别。结果发现，阿斯伯格综合征、高功能孤独症被试者在对心理状态进行判断时，成绩要显著地比正常人差。他们认为，这种测验考察了被试者的较为高级的心理理论能力，也就是说，这样测得的心理状态推理能力，要比简单的情绪理解或意图理解更复杂更困难。后来，卢瑟福和巴伦－科恩等人（Rutherford & Baron-Cohen，2002）又以阿斯伯格综合征、高功能孤独症以及正常成人为被试者，测验他们通过声音“读心”的能力，即从特定的声音中抽取出其中的心理状态。给被试者用录音机呈现一个简短句子或词组的录音，让被试者从两个所给词语中选择正确描述录音所含心理状态的词。对应的控制任务要求被试者判断录音中说话人的年龄。结果发现，阿斯伯格综合征和高功能孤独症被试者在判断心理状态时成绩也明显比正常成人差，而在对年龄进行判断时他们的成绩却没有显著的差异。以上较细致的研究说明，阿斯伯格综合征和高功能孤独症心理理论能力也是有一定缺损的，而且可能如巴伦－科恩（Baron-Cohen，1985）所说的那样，孤独症的心理理论损伤是独立于一般认知能力的本质上的损伤。

尽管许多研究者认为，孤独症儿童缺乏心理理论能力，即如巴伦－科恩所说的“心盲”（mindblindness），但是，这种观点也遭到一些批评，比如测量心理理论所用的错误信念理解任务和其他类似的任务，对言语的要求很高。格兰、巴伦－科恩等人（Golan，Baron-Cohen，et al.，2008）采用“在电影片中读心”（Reading the Mind in Films）任务，考察了高功能孤独症儿童的复杂情绪理解和心理状态识别。实验中的23个阿斯伯格综合征或高功能孤独症被试者的年龄在8.3至11.8岁之间。实验者根据智力、言语智力和操作智力的成绩选择对照组。在任务中，给被试者呈现一个6—30秒长的短片，里面是1至4人之间的社会—情绪交往情境，在结尾有一个问题，例如，“这个男孩的感觉是什么?”提供四个答案，其中一个是正确答案，其他三个是干扰答案。结果发现，孤独症儿童仍然存在理解复杂情绪和识别心理状态的困难。但这个研究仍然存在言语理解的问题，比如，被试者识别情绪时是否存在语言策略应用的困难。另外，凯兰、卡罗森等人（Kaland，Callesen，et al.，2008）采用“眼睛任务”（eyes tasks），“奇怪故事任务”（strange stories）和“来自于日常生活中的任务”三种比较高级的心理理论能力测验任务，考察了高功能孤独症被试者的心理状态理解。发现孤独症的成绩显著低于正常控制组。虽然研究表明高功能孤独症心理理解能力存在一定损伤，但不同的心理理论任务，涉及到的心理理解特征可能存在差别。例如，在理解包含某种心理状态的社会情境时，考虑他人的感受和预期，对孤独症个体来说是比较困难的。

但是，以前有些研究发现，有一些孤独症被试者还是可以通过错误信念理解测试任务的。智力水平在正常范围内的高功能孤独症和阿斯伯格综合征个体，多数是能够通过一级错误信念测试的。阿斯伯格综合征个体与一般孤独症个体相比，可能有较高的言语能力和认知功能，但是仍然存在社会功能障碍和运动机能障碍。高功能孤独症个体可能也有正常的认知功能，但与阿斯伯格综合症个体相比，言语能力要稍差一些。那么，对于这些孤独症个体而言，如果他们通过了一级错误信念理解任务测试，是否表明他们的心理理论能力发展是一种迟滞现象呢？

霍尔德和巴伦－科恩（Holroyd & Baron-Cohen，1993）以及奥扎纳福和麦克沃伊（Ozonoffhe & McEvoy，1994）分别进行了两个纵向研究，考察孤独症的心理理论是否随着年龄而有所发展。两个研究的结果分别表明，在7个月和3年的时间内，被试者的心理理论能力几乎没有大的发展。这似乎说明孤独症的心理理论损伤不是发展迟滞。但斯蒂尔，约瑟夫和塔格—弗拉斯伯格（Steele，Joseph，& Tager-Flusberg）研究了57个4到14岁孤独症儿童的心理理论的发展变化，他们在一年前后两次测量被试者的心理理解能力。他们所使用的任务包括：愿望和假装理解任务，位置改变任务，意外内容任务和物品隐藏任务，二级错误信念理解任务，谎言和笑话理解，特质以及道德判断任务。他们还测量了孤独症的语言和智商。结果表明，被试者第二次测试的成绩普遍比第一次有所提高。这个研究的结果迥异于以前研究，可能与有些被试者年龄较小，语言能力参差不齐，以及所用的心理理论测验任务范围较广有关。

二　语言能力对孤独症心理理论的影响

研究表明，心理理论发展和语言能力有一定的相关，一定的言语能力是心理理论发展的基础。哈佩（Happé，1995）研究了年龄和言语能力在孤独症儿童的心理理论测试中的作用。通过比较孤独症被试者与70个正常儿童和34个心理发展迟滞儿童完成萨莉—安妮任务和意外内容任务的情况，结果发现，孤独症组的心理理论测试成绩和言语心理年龄（verbal mental age：VMA）、言语智商（verbal IQ：VIQ）之间存在显著的相关，言语能力可以较好地预测心理理论测试成绩。孤独症组要通过心理理论测试，比正常组和心理发展迟滞组需要更高的言语能力。依据实验结果，他们提出了一个两阈限模型（two-threshold model）理论，该理论观点认为，对所有被试者来说，言语心理年龄低于一定的阈限，就不能通过心理理论的错误信念理解测试。而言语心理年龄只有高于某一阈限，才能通过心理理论的错误信念理解测试。该研究表明，语言能力是影响孤独症儿童能否通过心理理论错误信念理解测试的重要因素。孤独症个体的心理理论能力可能遵循自己的发展序列，其表现出来的损伤一定程度上具有特异性。同时，也许这有助于解释，为什么以前的研究总是发现有个别孤独症被试者通过了一级错误信念理解测试任务，但在比较复杂的二级错误信念理解测试任务上总是失败。但是，哈佩的研究仅仅表明，孤独症的言语能力与错误信念理解测试成绩存在一定的关系。萨热沃恩等人（Sarrevohn，et al.，1995）研究了言语能力对孤独症的心理理论成绩的影响。他们把孤独症被试者分成两组，一组具有相对高的言语能力，而另一组的言语能力相对较低。所用的心理理论测试任务有 5 种，即根据知识状态归因的推理任务，非自我的信念理解，外显的错误信念理解，经典的意外内容任务和二级错误信念推理任务。结果发现，在对被试者根据生理年龄和非言语心理年龄进行匹配后，发现两组被试者的心理理论测试得分有显著差异。塔格—弗拉斯伯格（Tager-Flusberg，1992）通过观察并记录在一段时间内，孤独症儿童在与母亲进行谈话和游戏过程中对心理状态词（例如，“知道”、“相信”、“认为”等）的使用，研究孤独症使用词汇表达不同心理状态的能力。对被试者使用的心理状态词进行分类编码，一共包括四类，分别是表达愿望的、知觉的、情绪的和认知心理状态的词汇。研究者假设，与唐氏综合征儿童相比，孤独症儿童将会较少使用心理状态词语，特别是有关认知心理状态的词语。结果发现，孤独症儿童使用认知心理状态词语的频率显著低于唐氏综合征儿童，但是使用愿望心理状态词的频率较高。这说明，较为抽象的心理状态词汇的使用缺乏可能与信念状态推理障碍有关。

综上所述，孤独症个体的言语能力缺损，是他们在某些心理理论测试任务中失败的重要原因。加菲尔德等人（Garfield，et al.，2001）提出，当儿童的语言能力得到足够的发展后，语言表达在逻辑上内化为推理性的思维，而后思维逐渐变得自动化，儿童就能把思想本身作为思维的对象。这较好地解释了语言形式和内容的掌握在心理推理能力发展中的作用方式，也提示我们，言语能力的发展迟滞可能严重阻碍了孤独症心理理论的发展。

三　孤独症心理理论损伤的机制

研究者提出了一些假说或模型，来解释孤独症在心理理论测试中表现出的缺损。对孤独症儿童的发展障碍，研究者从神经生物学角度进行了研究，并试图找到有针对性的治疗药物。但究竟是遗传导致的基因变异和大脑组织内部的发育障碍，抑或是环境的原因，导致孤独症者的言语、交往和社会性损伤，并没有定论。而近年来认知神经科学采用脑成像技术，以正常和异常人群为被试者，对心理理论神经基础的研究表明，被试者在完成心理理论测试任务中，眶额皮层区域、颞叶的一部分和杏仁核存在激活，表明这些区域对心理状态理解和推理发挥着重要的作用。巴伦-科恩认为，心理理论具有一定的神经基础，而且是人类进化的一种成果。如果这是正确的话，那么孤独症儿童的心理理论缺损也许存在某种神经生理基础。

对孤独症心理理论的解释，较为引人关注的一个理论是莱斯利（Leslie，1987）提出的元表征能力缺失假说。元表征的概念是皮利希恩（Pylyshyn，1978）首次提出的，指嵌套的表征能力（recursive representational capacity），即对表征关系自身的表征。莱斯利等人（Leslie，et al.）借用来指“把一个初级表征的命题嵌进一个表征的关系中”，如“我假装茶杯里有茶”。“茶杯里有茶”就是一个初级表征，“我假装……”就是一个表征关系。他们认为，假装是心理理论的一个早期表现。假装的一个重要的认知能力基础就是元表征，而孤独症儿童在幼儿时期就表现出假装能力的缺损。孤独症儿童形成和加工元表征的能力受损，反过来阻碍了他们对心理理论的获得。

里克姆等人（Leekam，et al.，1991）对莱斯利提出的这种假说进行了实验验证。他们设计了一个改造后的位置改变任务，名叫朱迪的木偶穿了一件红衣服，苏珊进来后说，朱迪穿的是一件红衣服。苏珊出去后，实验者给朱迪换了一件绿衣服。问被试者：“苏珊认为朱迪穿的是什么衣服?”与之对应的是柴特奇克（Zaitchik，1990）设计的一个错误照片任务。在上述任务中没有人物苏珊出现，而是给朱迪拍了一张穿着红衣服的照片，把照片拿出屋后，再给朱迪换上绿衣服。问被试者：“在照片里，朱迪穿的是什么衣服?”这就是所谓的错误照片任务（false photo task）。该任务用照片代替人，被试者在回答问题时，就不需要元表征，即不必再考虑“苏珊认为朱迪穿着红衣服”。而考虑“在照片里，朱迪穿着红衣服”。他们对孤独症被试者和3—4岁的正常儿童，进行了这两种任务的测试。结果表明，孤独症患者和 3 岁正常儿童在错误信念理解测试中没有显著的差异，但要比 4 岁儿童差。而在错误照片任务的测试中，孤独症被试者的成绩显著好于控制组。他们认为，该研究与以前使用错误信念理解测试的结果一致，实验结果符合皮利希恩的元表征概念，而不支持莱斯利的元表征缺损假说。莱斯利和泰斯（Leslie & Thaiss，1992）以及彼得森和西格尔（Peterson & Siegal，1998）等人的研究也发现，孤独症儿童完成错误照片任务的成绩都好于错误信念理解测试的成绩。而对正常儿童来说，错误信念理解任务和错误照片任务一样容易，或者比错误照片任务更容易。彼得森（Peterson）认为，这些研究说明了孤独症心理状态表征能力受损的特异性。

佩尔奈认为，心理理论中的表征不同于一般知觉中的表征，而是一种元表征，它实现了对思想的监测和控制。这种能力对人类正确知觉自我和他人的心理状态，并对行为进行预测和推理是非常重要的。正常儿童在元表征能力发展起来后，他们能够把真实的“现实”和思想中表征的“现实”区别开，表现为 4 岁左右儿童能通过一级错误信念理解测试。但是元表征能力的缺损假说，又不能解释正常儿童为什么在 3 岁就已存在假装现象，而却不能通过一级错误信念理解测试。也许元表征能力只是心理理论某些成分中起作用的一个必要条件，却不是一个充分条件。

对孤独症儿童心理理论缺损的解释影响较大的另一个理论是模块说。莱斯利（Leslie）曾提出，正常发展情况下，人的大脑中有一个特定的部分对心理状态的理解起到重要的作用，而它在孤独症儿童中是受损的。他提出这可能是一个模块，并把它叫作“心理理论机制”（theory of mind mechanism）。儿童获得心理理论，是先天存在的模块化机制成熟的结果。巴伦 - 科恩认为，这一模块可能是社会性大脑（social brain）或者叫着“社会脑”的一部分。所谓社会性大脑，指在大脑结构中负责社会性认知和社会性交往等功能的区域。巴伦 - 科恩和林（Baron-Cohen & Ring，1994）研究发现，孤独症儿童存在心理理论和其他一般认知能力的分离。孤独症儿童在其他不涉及心理状态的一般表征上，没有表现出损伤，而只在错误信念理解中表现出受损；但那些表现出心理发展迟滞的儿童（如唐氏综合症个体）却能通过萨莉—安妮任务，而其他一般表征能力却是受损伤的。这就存在着双重分离的现象。他们认为，在社会认知中，可能存在着心理理论模块，而孤独症儿童的心理理论模块存在缺损，所以导致他们的社会认知和社会交往存在严重障碍。他们提出了一个极简的先天模块化（minimalist innate modularity）机制模型。该模型认为，在对心理状态的理解中存在四个方面的模块，即意图检测机制（intentionality detector，ID），目光指向检测机制（eye-direction detector，EDD），共享注意机制（shared attention mechanism，SAM）和心理理论模块机制（theory of mind mechanism，TOMM）。利用意图检测机制，可以知道他人的意图和目的。利用目光指向检测机制，个体能够知道他人正在看的物体和方向。共享注意机制能够使个体检测到自己和别的个体是否在关注同样的物体或事情。依靠心理理论模块，个体可以理解更为复杂的心理状态，如信念、思维、假装和想象等。共享注意机制整合意图检测机制和目光指向检测机制而形成简单的三重表征，最后心理理论模块机制整合所有以上三者，并解释所有涉及心理状态的表征。心理理论模块可以被看作共享注意机制的比较成熟的发展，或者是由共享注意机制引发的。巴伦－科恩等人认为，孤独症的共享注意机制和心理理论模块机制都存在损伤的现象。但是有些研究者认为，不能用孤独症的心理理论缺损作为心理理论在正常状态下是一种先天模块的证据，因为这是一种循环论证。另外，心理理论模块论忽视了学习的作用，没有看到社会环境中的交往和经验对个体的心理理解能力发展的作用。即使有先天成分，但先天因素和后天环境的相互作用也是不可忽视的。彼得森（Peterson，2001）认为，心理理论模块不如语言和社会功能的模块性强。他认为，确实有心理理论模块存在，但它是很弱的。它不是像胶囊一样包装好的或者由先天决定的，而只不过是建立在较强的模块化过程基础上，因为它同语言、社会交往和知识交织在一起。虽然对于模块论仍有争议，但如果有很强的证据表明，心理理论或社会智力存在遗传的和神经特异性的基础，那么模块论的假说也不是不可信的。我们如果能够确认这些可能的神经生物学基础，并通过临床训练或治疗恢复孤独症的各种正常的认知和社会功能，那么一切争论便不复存在。这对所有从事基础研究或临床检测和干预研究者来说，或许是任重而道远的一项使命。

四　孤独症的早期检测和训练：心理理论研究应用

（一）临床诊断的研究—对孤独症的早期识别

前面章节提出，心理理论从婴儿期就开始发展了。如婴儿对人的面孔和说话声音表现出特有的兴趣，与人的目光交流，对人的表情和不同的声音做出反应等，虽然这是否能被称为心理理论能力还存在争议，但有些研究者认为，这起码可能是心理理论发展的重要基础。如2岁时，儿童会有意地利用声音、姿态引导他人注意于某一物体；在早期的同伴交往中，儿童经常表现出对他人行为简单的模仿，组合假装（incorporating pretend）或想象性假装（imaginative pretence）。而孤独症个体在这些社会性功能和交往功能方面都有明显的缺损。在对孤独症能够临床诊断出来以前，如果有适当的工具对这些方面进行早期检测，也许对孤独症的尽早发现和治疗具有特别重要的意义。

巴伦-科恩等（Baron-Cohen, et al., 1996）综合以前的研究，开发出一种检测工具，即幼儿孤独症检测表（Checklist for Autism in Toddlers: CHAT）。他们采用这种工具对英国16000个18个月龄的孩子进行了检测。主要检测项目有联合注意（joint attention）和假装游戏（pretend play），前者又包括元陈述指向（protodeclarative pointing）和盯视监控（gaze monitoring）。元陈述指向表示，幼儿能够引导另一个人去注意他所感兴趣的物体；盯视监控是指，监控他人的目光注视方向变化，并顺着另一个人目光注视方向而转移注意。假装游戏，指幼儿用一个物体去代替另一个物体，或者把一个不存在的特征赋予某一物体。对于正常发展的儿童来说，14个月龄时这些方面已经得到发展，但3—4岁的孤独症个体在这些方面却表现为严重受损。所以，他们预测孤独症幼儿18个月时，如果在这三个项目上有一项或两项失败，将有可能增加罹患孤独症的风险。在接受检测的儿童中，有12个孩子在这三项上都失败了，其中10个（占83.13%）后来被诊断为孤独症谱系障碍患者。这10个儿童在3.5岁时再次接受孤独症量表检测，结果与18个月时的测试非常一致。由此他们认为，用幼儿孤独症检测表对18个月的孩子进行检测，若在这三项上连续而一贯的失败，将有可能不幸患上孤独症。罗宾斯等人（Robins, et al., 2001）提出了修正的幼儿孤独症检测（Modified Checklist for Autism in

Toddlers，M-CHAT）工具。一共有 23 个项目，其中前 9 个项目，来自 CHAT。这是一个问卷形式的检测工具。每个项目都要求幼儿的母亲或主要监护人做出“是”或“否”的回答。查尔曼（Charman，1997）采用巴伦－科恩等人提出的测试工具，对 20 个月龄的儿童进行检测，并与采用另外三种方式测查的结果进行对照。随之，对测出的 12 个孤独症儿童进行共情、结构性游戏任务（structured play task）、联合注意任务和模仿等测验。结果发现，与发展迟滞儿童和正常儿童相比，孤独症幼儿在共情、联合注意和模仿上表现出明显而清晰的损伤。孤独症幼儿在共情和联合注意任务测试中不能运用社会性盯视（social gaze），虽然他们对物体和玩具表现出盯视转移，但却不能使用盯视与成人注意共同的情景。孤独症幼儿和发展迟滞儿童都表现出一定的功能性假装，但是几乎没有被试者表现出自发的假装游戏。以上研究表明，孤独症在临床诊断出来以前，心理理论发展的基础已经存在损伤。

（二）对心理理论和交往能力的训练

众所周知，孤独症个体的谈话技能和交流功能是损伤的，比如在有限的交流中，他们缺乏对他人面部表情的关注和目光接触，在谈话中很难保持一个固定的话题等。有些研究者就设想，能否通过训练提高他们的“读心”能力和社会交往能力。哈德温等人（Hadwin，1997）通过对孤独症儿童进行心理状态理解训练，试图提高他们的社会交往技能。训练包括三个方面：对情绪、信念以及假装游戏的理解。结果表明，接受训练的孤独症儿童确实通过了有关情绪和信念的理解测试，可是他们在社会交往技能上却没有显著的改进，特别是如何保持一个话题，以及对心理状态词的应用都没有显著的改善。秦和伯纳德（Chin & Bernard，2000）认为，被试者虽然经过训练之后，通过了心理理论测试，但他们是否真正理解了心理状态是值得怀疑的，因为也许被试者学到的是心理推理的技能，或者是能正确回答问题但不涉及对心理状态归因的策略，所以不会或不能应用到日常生活中去。他们反过来从训练孤独症的谈话技能入手，检验能否提高其使用语言进行社会交流的能力，进而促进其心理理论发展。他们训练三个年龄分别为 5 岁 11 个月、7 岁 5 个月和 7 岁 9 个月的孤独症儿童。结果发现，被试者在训练后与交谈者保持共同兴趣的时间，以及在谈话中进行恰当反应的频率都有很大程度的增加。被试者在训练后，回答问题的次数增多，连续的话语增多，不清楚的话语减少，无任何反应的频率降低。在谈话中目光接触增多，能轮流说话。但是被试者仍然不能通过错误信念理解测试。这个实验虽然样本较少，但结果表明，对孤独症谈话技能的训练确实有助于社会交往能力的提高。以上研究表明，对孤独症个体的心理状态理解能力以及谈话技能、交往能力的训练都收到了一定的效果，但是并没有发现它们之间的相互促进作用。这说明心理理论能力和社会交往功能之间也许不是一种简单的相互促进的直线型关系，它们之间的相互作用存在一定的中介因素，比如，对社会信息的处理和加工，执行控制和工作记忆等，所以，虽然经过一定时期的训练，但是它们之间的相互作用却很难表现出来。我们以为，从本质上来说，能否完全用心理理论假说来解释孤独症儿童的社会功能和交往能力的损伤，以及如何通过有效的训练，从本质上提高他们的社会认知功能和交往能力，并且使训练的成果泛化到日常生活中去，还需要更加充分的研究。但是毫无疑问，我们相信早期的训练和干预对孤独症个体尽早融入正常的社会生活，减少他们与其他人进行交往和相互理解的障碍具有积极的意义。另一些研究者还尝试把计算机和录像技术运用在对孤独症的心理理论能力训练中。斯维坦海姆（Swettenham，1996）提出，能否运用计算机技术来训练孤独症儿童理解错误信念的能力，他采用计算机教学程序，即用计算机呈现萨莉—安妮任务的方式来训练不能通过心理理论测试的孤独症、唐氏综合征和正常儿童。结果发现，训练4天后，三组儿童都通过了以计算机和传统方式呈现的萨莉—安妮测试，但在需要把学到的概念应用到其他不同形式的错误信念测试任务中时，孤独症儿童表现失败，而其他两组却能通过。这和预期是一致的，即孤独症儿童经过训练，能够通过心理理论测试，但他们学到的可能仅仅是通过测试的一种策略，而很难应用到其他情境中去。但是，采用计算机教学和训练程序，有许多传统教学和训练手段所不具有的优点。孤独症对待计算机不像对待人那样，交往中的心理压力和困惑会相应减少，所以开发有效的计算机应用程序，并研究计算机和录像技术在对孤独症的特殊训练中的应用特点，对探索有效干预手段具有重要意义。

对孤独症心理理论能力的研究仍存在一些问题。比如，虽然塔格—弗拉斯伯格（Tager-Flusberg，1999）认为，心理理论是了解孤独症的语言、交往和社会功能损伤的一个途径，但心理理论发展的损伤和语言、交往和社会功能的损伤，孰因孰果，尚存争议。加菲尔德等人（Garfield, et al., 2001）认为，语言和社会交往导致心理理论能力损伤也许是更加合理的观点。但我们认为，心理理论与言语、交往和社会功能的关系也许是双向的，因为他们既有交叉重叠的部分，又存在本质的区别。所以，它们之间可能是互相影响和相互作用的，在个体发展的不同阶段表现为不同的关系。另外，对孤独症的心理理论发展过程还缺乏深入探讨。在孤独症能够诊断出来之前，孤独症心理理论的发展是什么状态，还缺乏相关的研究资料。对孤独症的诊断还缺乏一个发展的标准，即孤独症与正常儿童相比，有关方面的损伤经历了什么样的变化过程。基于此，我们的诊断标准应该是动态的，而不是仅在年龄发展的一个静态点上，对孤独症作出“迟到的”判断。从发展的角度来探讨孤独症的心理理论，也许对孤独症的尽早发现、诊断和训练具有相当重要的意义。对孤独症心理理论本质的探讨和临床应用研究结合起来前景广阔。但今后应加强对孤独症心理理论信念理解之外其他层次和成分的研究，如对愿望和情绪的理解等，并且把生态学的临床观察与实验室研究结合起来，全面探讨孤独症心理理论发展障碍的本质。

第二节　聋童的心理理论损伤及其机制

聋童的心理理论能力之所以受到研究者的关注，是因为聋童的语言能力和正常发展儿童是不同的。先天致聋的儿童，完全没有机会接触正常的语言环境和接受正常的声音刺激，而后天致聋的儿童，虽然接受过语言刺激，接触过一定的语言环境，但因为致聋的阶段不同，所以语言的发展程度又表现出很大差异。有些聋童的父母可能属于语言功能和语言发展正常者，而另有一部分聋童的父母本身就是听觉功能损伤者。就儿童本身来说，出生后就接触手势语，而有些儿童可能在出生后一段时间才接触手势语。聋童的心理理论发展研究主要跟他们的语言环境和家庭环境有关。

一　聋童的心理理论损伤及其研究方法

彼得森和西格尔（Peterson & Siegal, 2000）于1995—1999年连续进行了一系列研究，以澳大利亚聋童为被试者，考察听觉障碍对心理理论发展的影响。聋童中既有来自于正常听力家庭的后来使用手势语的儿童，也有出生后一直使用手势语的儿童。心理理论能力测试采用位置改变任务（或叫萨莉—安妮任务），在1998年的实验中，使用的是非言语的选择反应。1999年的研究中采用意外内容任务和表观—现实任务。结果表明，来自正常听力家庭的后天使用手势语的聋儿，其心理理论发展表现出严重的迟滞，即与正常被试者相比，错误信念测试通过率很低，多在50%以下。另外，考丁和梅洛（Courtin & Melot，1998）、德洛（Deleau，1996）测试了法国聋童的一级错误信念理解，德维利尔等（de Villiers，et al.，1997），雷梅尔、贝特格和温伯格（Remmel，Bettger，& Weinberg，1998）测试了美国聋童的心理理论。研究选择的被试者平均年龄大多在7—11岁。普遍发现，对于那些来自正常听力家庭而后天学习使用手势语的聋童来说，其心理理论获得是迟滞的，而出生后就使用手势语的聋童，其一级错误信念理解测试成绩似乎要好些。

伍尔夫、瓦特和西格尔（Woolfe，Want，& Siegal，2002）使用“思想泡图片任务”（Custer，1996）测试儿童的错误信念，最大程度地降低了测试对语言的要求。结果表明，在匹配了空间心理年龄和接受性手势语语言能力后，尽管那些出生后就学会使用手势语儿童的年龄比那些后来学会手势语的儿童小，但他们在心理理论测试上的成绩明显要好些。在控制了句法理解能力、空间操作能力和执行功能后，那些后天才学会手势语的儿童表现出一定的心理理论能力损伤。为什么会出现这样的结果呢？有研究者提出，使用特定的句法形式（如我认为书在桌子上）表达心理状态的能力对错误信念理解非常重要。但伍尔夫等人认为，虽然这种特定的句法结构获得在心理状态推理中起到启动性的作用，但仅用句法结构获得来解释心理理论测试的成绩，并不能揭示心理理论发展的机制。心理理论能力获得并非仅仅是简单的词汇和句法的问题，而是以早期谈话经验为中介的社会理解发展的最终结果，语言在其中起了中介的作用。费卡洛斯—科斯塔和哈里斯（Figueras-Costa & Harris，2001）采用一种非言语的错误信念理解测试考察了聋童的心理理论发展状况，试图检验那些听力正常父母家庭的聋童心理理论能力发展是否真的存在迟滞现象。被试者的年龄大概在4岁到11岁之间。研究发现，在采用言语形式的错误信念理解测试中，21个被试者能够通过错误信念理解测试的只有不到一半。而在非言语任务中，年龄大些的聋童的通过率显著地高于机遇水平。研究者认为，聋童的心理理论的确存在发展迟滞，但可能与他们的语言发展和谈话技能有关。彼得森和米歇尔（Peterson & Mecheal，2000）也认为，来自于听力正常父母家庭的聋童，在后天才学习使用手势语，其心理理论的发展迟滞，本质上可能不同于孤独症的心理理论能力损伤。心理理论能力发展迟滞很可能与出生后缺乏同父母和他人进行语言交流以及心理状态谈话有关。

二 聋童的心理理论和语言发展的关系

关于聋童的心理理论和语言发展的关系是研究者关注的一个主要问题。伦迪（Lundy，2002）考察了聋童的年龄、语言技能与心理理论的关系。使用标准的错误信念理解任务测验了34个平均年龄7—8岁聋童的心理理论能力。这些聋童生活于父母听力正常的家庭，但这些聋童的父母中有些会使用手势语，有些完全不会（占被试者数的29%）。要求使用手势语的父母报告他们自己在与儿童交流中使用心理状态手势语词汇的状况，例如，使用表达心理状态手势语的类型和次数等。另外，测量了聋童的表达性语言技能。统计分析表明，儿童的年龄和心理理论测验相关显著。研究者认为，被试者还是获得了一定的心理理论能力，只是比正常儿童迟滞3年左右。但他们没有发现聋童的表达性语言技能、父母的手势语语言技能与心理理论能力显著的相关。这些研究结果与弗雷（Frey，1997）和加尔等人（Gale，et al.，1996）的研究结果一致，即语言和聋童的心理理论相关不显著，语言能力对心理理论测验得分的预测力不强。他们认为，年龄对心理理论发展更重要，虽然语言能力低，心理理论测试通过更困难，但到了一定年龄就能通过心理理论测试。按照这个观点，如果正常儿童的心理理解能力稍落后于其他儿童，例如，在测验中表现得比其他儿童稍差，那也不用大惊小怪，也许测验的结果与语言或者认知功能的发展有关。只要不是存在明显的障碍，或者对学习和社会生活没有严重的影响，发展到一定年龄，那么，儿童也可以在测验中达到相当的水平。

彼得森和斯劳特（Peterson & Slaughter，2006）考察了较晚掌握手势语聋童的心理理论能力与对图片的自由描述之间的关系，他们发现，心理理论测试成绩与聋童对诸如想象性认知的自由描述之间存在显著的相关性。在自由描述中，聋童能够使用心理状态术语对图片进行描述，例如，使用情感的术语、知觉的术语、现实认知和想象性认知术语。希克、德维利尔等人（Schick, de Villiers, et al., 2007）测试了176个3岁11个月到8岁3个月的聋童，被试者或者掌握了美国手势语，或者掌握了口头英语，父母听力正常或者是聋人。结果发现，来自听力正常家庭的聋儿心理理论发展上有明显的迟滞，相应地，这些聋童的语言发展也表现出明显的迟滞，不论是使用手势语还是口头英语。但是，那些父母也聋的聋童，在心理理论测验上与听力正常组的儿童成绩一样。他们研究发现，如果词汇和补语句法结构掌握得较好，则容易完成那些言语能力要求较低的心理理论测验。马里斯托、法尔克曼等人（Meristo, Falkman, et al., 2007）对来自于双语和口头语环境的聋童进行手势语的干预，考察这种手势语的训练是否会影响到错误信念理解能力。结果表明，对于不同语言环境的聋童进行手势语的训练和干预能够有效提高儿童的错误信念理解测验成绩。以上研究似乎表明，聋童的心理理论能力发展与正常儿童相比，存在发展的迟滞。但这种情况跟聋童的语言环境和聋童使用手势语进行交流和谈论有一定关系。如果父母听力正常，而聋童属于出生后先天听力缺失，则父母与儿童的交流和谈话存在困难，通常会阻碍儿童的心理理论发展。但如果父母是聋人并可以与聋儿进行手势语的交流，那么损伤的程度就可能小些。这说明聋童的语言发展对心理理论发展的影响，与正常的社会性谈论和心理状态交流有着重要的关系，而不管使用的是正常语言或者手势语。

从语言发展和心理理论关系的角度，我们认为，孤独症和聋童的心理理论损伤或发展迟滞，在机制上是有区别的。孤独症患者和聋童的心理理论发展是否仅是在发展时间上与正常发展儿童相比是延迟的，以及是否表现出不同的发展模式，是需要探讨的问题。彼得森、威尔曼和刘（Peterson, Wellman, & Liu, 2005）比较了聋童和孤独症儿童的心理理论发展的差异，采用系列心理理论测试任务（包括愿望、信念、知识获得、错误信念理解和隐藏情绪等），测验了3至13岁的145个聋童、孤独症儿童和正常发展儿童，结果发现，与聋童和正常发展儿童相比，孤独症儿童在心理理解发展的次序与其他组不同。彼得森和米歇尔（Peterson & Meche-al, 2000）认为，很难把孤独症的心理理论损伤的机制应用到聋童身上。

第五章

心理理论与其他认知因素的关系

第一节　心理理论与执行功能

一　执行功能的概念和主要测试任务

心理学家对于执行功能（executive function）并没有形成统一的定义。一般认为它涉及多种高级认知能力，主要负责意识和行为的监督和调控，包括计划、抑制、工作记忆、心理灵活性、行为序列的协调和控制等。彭宁顿等人（Pennington）提出，执行功能有三个成分：工作记忆（working memory）、抑制控制（inhibitory control）和认知灵活性（cognitive flexibility）。工作记忆，是指在执行认知任务过程中，用于信息的暂时储存与加工的资源有限的系统。在这个系统中，当前任务需要加工的外部刺激信息有一个内部存储空间，而且对这些信息的加工和表征始终保持在活动状态中，以便为行为反应作准备。抑制控制是执行功能的核心成分，是指当个体从事某一活动或完成某一认知任务时，抑制对无关刺激进行加工和反应的能力。认知灵活性往往反映在一定的认知活动当中，比如在若干干扰刺激当中搜索目标刺激；在活动中适应不同规则，并能够根据需要在不同规则间转换。执行功能的三个成分是相互联系、协同作用的。很多活动的完成需要它们共同参与，例如，去邮局寄信，需要工作记忆中保持自己对当前事件信息的记忆，也要抑制自己去做其他事情的愿望。

执行功能在我们的生活和学习中具有重要的作用。例如，儿童初学写字，总会把一些字的笔画写错，甚至形成了一种习惯性错误，改正错误就需要较好的抑制控制能力。在规划某天上午要做的事情时，需要良好的计划能力。例如，什么时候去邮局寄信，走什么路线；之后再去菜市场买菜，然后再去学校接孩子放学回家。良好的计划和执行能力，可以节省时间，提高效率。如果一个儿童的认知灵活性很差，那么常会表现得固执，拘泥于形式，在活动规则改变的条件下，无法适应新规则和新情境的要求。对于成人来说，完整的执行功能对于促进人的警惕、推断、创造性活动都是必不可少的。一般说来，执行功能与大脑前额叶的功能有关，那些大脑前额叶皮层有损伤的人，通常在计划、决策、认知灵活性、按照时间先后对事件排序以及行为动作监控上存在神经心理的缺陷。

一些神经心理学家把执行功能区分为“冷执行功能”（cool executive function）和“热执行功能”（hot executive function）。冷执行功能与解决相对抽象的认知问题有关，如计划、控制等。研究者认为，它是大脑的背外侧前额皮层（dorsolateral prefrontal cortex）所负责的功能。而热执行功能与解决情感方面的问题有关，它是大脑的眶额皮质（orbitofrontal cortex）负责的功能。

关于执行功能的发展，大致的情况是，(1) 执行功能约在出生第一年末就开始发展；(2) 执行功能发展的年龄跨度很大。3—6 岁阶段是执行功能发展变化很大的时期。12 岁左右，在许多执行功能测试上，能够达到成人的水平；(3) 在学前期及以后，执行功能的各个方面都存在着系统性的变化，相互促进，共同发展；(4) 执行功能的发展与心理理论、语言、记忆等能力的发展密不可分；(5) 发展障碍儿童（如孤独症、注意缺陷多动障碍患者）可能存在执行功能不同方面的缺陷（李红、李一员，2005）。

研究者通常根据自己对执行功能及其所包含成分的界定，采用相应的测试任务。

下面介绍几种常用的执行功能测试任务。

（一）白天和黑夜斯楚普任务（day and night stroop task）

这是斯楚普任务范式的一种。主要测试被试者的抑制控制功能。这种范式是以一位名叫斯楚普（J. Ridley Stroop）的美国心理学家的名字命名的。他提出了颜色 - 词干扰任务范式。比如，呈现一个红色的英文词“Green（绿色）”，可以要求被试者对词命名，也可以要求对颜色命名。当词的颜色和意义矛盾时，被试者的反应时间要比颜色和意义一致条件下较长。表明对词的意义的自动化反应干扰了对词的颜色的反应。被试者按照要求对颜色做出反应时，不得不抑制对词命名的反应倾向。后来研究者在此范式基础上发展出很多不同的测验任务。白天和黑夜任务（或者称为太阳和月亮任务）就是其中一种。这个任务要求被试儿童在看到呈现的“夜晚”图片时说“白天”，看到“白天”情境的图片时说“夜晚”。被试儿童在回答时，要根据规则回答与图片相反的内容，就要抑制自己看到图片时的自动化反应，即看到“白天”图片回答“白天”的反应倾向。另外，还有一种听觉斯楚普测试，例如听觉呈现一个男声发音，要说“妈妈”；听到一个女声发声，要说“爸爸”。

另外，有一种形状斯楚普测试。给幼儿呈现由某一颜色所画的大和小两种类型的苹果、橘子和香蕉的线条图，并要求他们指出实验者所说的物体。然后，实验者换了3张小水果嵌套在大水果中的卡片（如一个小苹果嵌套在一个大香蕉里）。这时实验者要求儿童指出每张卡片里的小水果（如给我指出小苹果在哪里）。进行三级计分，0分＝指大的水果；1＝指着大的水果，但又做了自我纠正；2＝指小的水果。

（二）鲁利亚的手游戏

主要测试抑制控制功能。是苏联心理学家亚历山大·鲁利亚（Alexander Romanovich Luria）提出的。在实验中，实验者给被试儿童伸出“拳头”，要求儿童说“手掌”；如果伸出“手掌”，则要回答“拳头”。测试也可以要求儿童被试者以做出行为反应的方式进行。例如，在练习阶段，实验者让儿童被试者模仿自己伸出手指和握紧拳头的动作。然后，实验者告诉儿童在实验中要按照实验者动作的相反动作来反应（例如，当实验者伸出手指时，儿童需要握紧拳头）。进行15个试次的实验（8次握拳，7次伸手指），记录儿童正确反应的比例。鲁利亚另外提出了一个拍打测试。要求儿童记住两条规则，抑制对一个视听觉刺激的动作反应。儿童被试者手拿“魔法棒”，在实验者轻敲“魔法棒”两次后随之拍打一次；在实验者轻敲一次后随之拍打两次。共进行16个试次，每次实验者轻敲一次还是两次是随机的。每个试次被试者反应正确得1分，最大得分为16分。

（三）“窗口”任务

主要测试抑制控制功能。让儿童被试者坐在桌子前，桌子上摆放了两个盒子，其中一个盒子里有奖赏物。但被试儿童并不知道哪一个盒子里有奖赏物，要求他们随便指一个，当指到一个空盒子时，获得奖赏物；而当指到有奖赏物的盒子时，对手（即实验者或者一个木偶）得到奖赏物。在开始实验前，被试儿童先要学会这种规则。在测试阶段，被试儿童可以通过窗口看到盒子里是否有奖赏物，然后要求他们指，指向空盒子即为成功。他们要在实验中抑制自己指向有奖赏物盒子的反应倾向。

（四）维度变化卡片分类任务（dimensional change card sorting，DCCS）

主要测试认知灵活性和抑制控制功能。测验中给被试儿童观看两张卡片，上面有一些图案，比如绿色的汽车，黄色的花。要求儿童根据一种规则把另外五张卡片放到靶子卡片上。例如，如果根据颜色进行分类，一张黄色的汽车要放到黄色的花上。直到把 5 张卡片分完。接着下一轮游戏中，改变了规则，要求再根据形状进行分类。如果根据形状进行分类，则黄色的汽车卡片要放到汽车靶子卡片一类上。被试儿童要完成这个任务，当规则转变时，必须抑制按旧的规则进行反应的倾向。有些任务起初是用来测量成人或异常人群的执行功能，后来研究者发展出了适合儿童的执行控制测试范式。比如威斯康星卡片分类任务，起初主要用来测量成人的前额叶功能，包括执行控制和规则转化，很难适合儿童的研究，但后来出现了一些简化的形式，以适合对儿童的执行控制功能进行测验。

（五）反向归类任务（reverse categorization）

要求被试者按照一定的规则，把木块分类。共有 12 个试次的实验，在前面六个试次中，按照正常的规则进行，例如，要求儿童根据木块大小把木块分为两类，并把大的木块放在大桶里、小的木块放在小桶里。然后转换规则进行后面六个试次测验，要求被试者把大木块放到小桶里，小木块放到大桶里。实验者在每次实验进行之前都要说明规则（如这是一个大木块，要把它放在大桶里）。实验者先把桶清空，然后开始正式实验。以缓慢的口吻对被试者说："现在我们来做一个小游戏，我们把大的木块放在小桶里，小的木块放在大桶里。"实验者在每个试次前都重申规则并确认木块的大小。在 12 个试次中均不提供反馈。计分：后面六个试次中正确进行木块分类的比例。

（六）点心延迟任务（snack delay）**和礼物延迟任务**（gift delay）

在点心延迟任务中，进行预实验之后，实验者把一份点心放在了倒置的透明杯子里，并要求儿童被试者要在按铃之后（四个试次的延迟时间分别为 5s、10s、20s 和 15s）才能去取点心。实验者在每次实验前都会重新说明实验规则。记录儿童每次取到点心前的等待时间及所有试次的平均等待时间（最大可能得分为 12.5s）。

在礼物延迟任务中，实验者向儿童被试者呈现一个包装精美的礼品盒，并告诉儿童这里面有一个给他/她的礼物。然后，实验者看着礼物说："哦！我忘记带蝴蝶结了！我现在去拿。但我们要再玩一个游戏。你先坐在这里，在我回来之前，不要碰礼物好吗?"实验者和助手离开房间，180 秒后或者儿童打开礼物之后再进来。根据儿童表现出的自我约束程度进行 1—5 的五级计分（例如，5 = 没有触摸购物袋或者礼物）。

（七）熊/龙任务（bear/dragon task）

在该任务中，儿童被试者需要在执行和抑制指令之间轮流做出反应。实验者首先向儿童被试者展示一只可爱的小熊，并告诉儿童他们要按照小熊发出的指令来进行反应。然后再向儿童展示一只淘气的小龙，告诉儿童不要按照小龙发出的指令进行反应。经过六次练习以后，进入实验阶段。在实验阶段，小熊和小龙轮流发出指令。根据儿童的反应记 0—3 分，如果完全执行小熊的指令记 3 分，完全执行小龙的指令记 0 分，部分地执行小熊的指令记 2 分，部分地执行小龙的指令记 1 分，错误地执行小熊的指令记 1 分，错误地执行小龙的指令记 2 分，不执行小熊的指令记 0 分，不执行小龙的指令记 3 分，分别计算执行小熊和小龙的指令的总得分。

（八）耳语任务

在练习阶段，实验者首先让儿童被试者低声说出自己的名字，然后告诉儿童要进行一个游戏，在游戏中，儿童要低声说出卡片上卡通人物的名字。在正式实验中，给儿童呈现 10 张卡片，有 6 张卡片上的人物是 3 岁儿童很容易就可以辨认的，4 张是相对不熟悉的。如果儿童大声说出人物的名字记 0 分，如果儿童用正常说话的声音（或者大声说话与私语混在一起）说出人物的名字记 1 分，如果儿童悄悄说出人物的名字记 2 分。剔除儿童没有做出反应的试次。

执行功能还包括其他多个成分，相应地也有其他一些测验任务。例如，麦卡锡儿童分类流畅性测验量表（McCarthy Scales of Children's Abilities Category Fluency），要求儿童根据类别线索（吃的东西、动物、穿的东西、骑的东西）对事物进行举例。对每个类别在 20 秒内做出尽可能多的列举。再把在四个类别上的得分相加。比伯认知估计测试（Biber Cognitive Estimation Test：BCET），给儿童提出一些问题，要求儿童估计后进行回答。例如，“一个西瓜里面有多少个西瓜籽？成人一个下午能走多远路程？一打中等大小的苹果会有多重？长颈鹿的脖子有多长？”等。在估计过程中，需要对冲动性反应进行抑制，做出恰当的估计。

二　执行功能和心理理论的关系

执行功能和心理理论的关系，源于最初对于心理理论测验中儿童不能通过任务的理论解释。例如，3 岁儿童不能通过错误信念理解测试，有可能是因为儿童在测验中很难抑制根据实际状态进行反应的倾向，也就是说，抑制功能没有达到相应的发展水平，从而使得年龄较小的儿童不能通过测试。后来研究发现，儿童在 3—5 岁这一年龄段，心理理论和执行功能存在着相同的发展趋势，从而引发了人们对心理理论和执行功能的进一步研究。研究者提出了不同的观点，例如，泽拉佐等人（Zelazo，et al.）认为，执行功能与心理理论之间是一种平行发展的关系，两者都要求儿童根据一定的条件和规则，在解决问题中进行推理。佩尔奈等人认为，心理理论中的元表征能力是执行功能发展的基础；拉塞尔（Russell）等人则认为，执行功能是心理理论的基础。

前面提到，执行功能一般可以划分为工作记忆、抑制控制和认知灵活性三个维度，心理理论也可以区分为愿望、意图、信念、情绪等多种心理状态成分。尽管两者存在显著相关，但执行功能的不同维度和心理理论的不同成分之间的具体联系可能是不同的。例如，卡尔森·斯蒂芬妮（Stephanie M. Carlson）等人的系列研究表明，儿童在 2 岁左右，假装和冲突抑制（conflict inhibitory）、延迟抑制（delay inhibitory）之间存在密切联系；儿童 3 岁及以后，心理理论与执行功能之间的联系更加紧密，但冲突抑制是影响心理理论能力发展的主要因素。其他研究者也证实了这一结果，例如，亨宁等人（Henning，et al.，2011）考察了 3—6 岁儿童心理理论与执行功能之间的关系，他们采用维度变化卡片分类任务测试执行功能的发展水平，采用错误信念理解等 6 个任务测试心理理论能力。结果表明，在控制语言和年龄因素的影响后，维度变化卡片分类任务成绩和所有心理理论任务成绩都存在显著的相关。

关于执行功能和心理理论能力发展的关系，存在两种可能性，其一，执行功能是心理理论能力发展的基础，其二，心理理论能力也可能是执行功能发展的基础。辛巴、摩西和希沃瑞克（Sabbagh，Moses，& Shiverick，2006）发现，3—5 岁儿童的执行功能测验成绩可以显著地预测错误信念理解测试成绩，而且认为，只有在表征与事实不一致的信念和做出行为推理时，儿童才需要发挥执行功能的作用。卡尔森等人（Carlson，Mandell，& Williams，2004）研究了儿童 2 岁时的执行功能对 3 岁时心理理论能力发展的影响。在儿童 2 岁时测量执行功能和心理理论。执行功能测验所用任务包括反转分类、多重位置搜索、形状斯楚普任务、饼干延迟任务和礼物延迟任务。心理理论能力测验包括意图理解、愿望理解、视觉观点采择和假装理解。在被试儿童 39 个月时再次进行测量。执行功能测验除第一次的任务外，另外增加了熊/龙任务、鲁利亚手游戏任务，而心理理论能力测验则增加了二级视觉观点采择和意外内容任务。研究发现，第一次测量的执行功能可以预测第二次测量的心理理论任务成绩。缪勒、泽拉佐和艾米瑞瑟克（Müller，Zelazo，& Imrisek，2005）也发现，对于 3—5 岁学前儿童来说，控制了年龄和语言能力之后，维度变化卡片分类任务上的成绩也可以预测错误信念理解测试的成绩。穆勒等人（Muller，et al.，2012）采取纵向研究的策略，考察了 82 名 2—4 岁的儿童心理理论能力与执行功能之间的关系。发现在控制年龄、性别和语言能力之后，3—4 岁儿童的心理理论能力测验成绩与执行功能相关显著。儿童 2 岁时的执行功能可以显著地预测其 3 岁时的心理理论能力，3 岁时的执行功能显著地预测其 4 岁时的心理理论能力。然而，儿童 2—3 岁时的心理理论能力并不能显著预测其 4 岁时的执行功能。该研究表明，执行功能可能是心理理论发展的基础，而不是相反。休斯和恩索尔（Hughes & Ensor，2007）也探讨了 2—4 岁儿童的执行功能与心理理论能力的关系。他们也更倾向于认为，执行功能发展可以促进儿童的心理理论测验成绩。

也有研究者就此问题进行了跨文化研究。辛巴等人（Sabbagh，Xu，Carlson，Moses，& Lee，2006）比较了美国和中国学前儿童的心理理论和执行功能的关系，分别选取美国和中国北京的一些儿童，进行了心理理论测试（包括位置改变任务和意外内容任务、表观现实任务等），以及执行功能测试。他们发现，不论是中国儿童还是美国儿童，执行功能的个别差异都能预测他们的心理理论测试成绩。这说明，儿童的执行功能可以预测其心理理论能力发展，在不同文化下表现出一致性。

三 对特殊人群的研究和神经机制研究

尽管大多数研究表明心理理论能力发展和执行功能存在着非常密切的关系，但有一些以异常人群为被试进行的研究所得出的结论却迥然不同。范恩、拉姆斯登和布莱尔（Fine, Lumsden, & Blair, 2001）在一个左侧杏仁核损伤的病人身上发现了心理理论能力和执行功能的分离。杏仁核附着在海马的末端，是边缘系统的一部分。是与情绪产生、识别和调节，以及学习控制和记忆有关的脑部组织。该病人在一些心理理论测试中成绩很差，即存在一定的心理状态理解能力损伤，但是，他却能在执行功能测验中，抑制优势反应，维持目标指引的行为和序列行为。这个结果说明，心理理论能力与执行功能可能存在着相互分离的现象。另外，巴赫和鲍威尔等人（Bach, Powell, et al., 2000）在一项个案研究中，考察了一个大脑双侧前额皮层损伤的病人的心理理论能力和执行功能，发现该病人的执行控制功能受损，但仍然保持着完好的理解心理状态和进行情感反应的能力。与范恩等人的研究结果一致表明，心理理论能力和执行功能在某些情况下可能是分离的。巴赫等人的研究表明，心理理论能力完好而执行功能损伤，但范恩等人的发现是，心理理论能力受损而执行功能相对正常。

许多研究从神经机制方面探讨执行功能和心理理论之间的关系。神经心理学家们认为，如果两个不同的任务激活了相同的脑区，那么这两个任务就可能具有相同的心理机制。那么执行功能和心理理论测试是否激活了相同的脑区呢？沃格利等人（Vogely, et al., 2001）研究表明，当表征自己或他人心理状态时，被试者的右侧前扣带回被激活，但是在完成与心理理论测试相似的物理推理任务时，这一区域并没有被激活。另外，倪媛媛和李红（2010）的研究发现，“冷执行功能”的抑制控制和注意灵活性与心理理论的社会认知成分可能具有共同的神经基础（即前扣带回皮质），执行功能与心理理论可能以前扣带回皮质为中介递质相互作用，“热执行功能”与心理理论的社会知觉成分具有共同的脑区（即眶额皮质）。我们不可否认，二者在神经机制上可能存在某种联系，但它们毕竟是具有不同作用的两种心理系统。以正常儿童为被试得出的实验结果表明，它们在发展时间进程中存在相似的规律，以及回归分析发现执行功能可以预测心理理论能力。但无疑地，以特殊人群为被试的研究和神经心理学研究，提供了更多证据，表明二者的关系是比较复杂的，需要研究者进一步探讨。

第二节　心理理论与语言

语言作为思想交流和表征外部世界信息的符号系统，为儿童理解他人提供了框架和工具。经典的错误信念理解测试对儿童的语言能力提出了较高的要求，所以3岁以下儿童无法通过错误信念理解测试，是否与语言能力限制有关，受到了研究者的关注。钱德勒、弗里茨和哈拉（Chandler, Fritz, & Hala, 1989）认为，3岁儿童可能已经理解了错误信念状态，只是由于测试中的语言情境过于复杂，所以儿童在经典的错误信念理解测试中才不能表现出他们已经获得的能力。高普尼克和阿斯廷顿（Gopnik & Astington, 1988）指出，年龄较小的幼儿在错误信念理解测试时的失败，可能是他们根本没有理解实验者在测试中对他们提出的问题。

有研究者提出，语言的发展是心理理论发展的基础，也有研究者指出心理理论的发展先于语言的发展。阿斯廷顿和詹金斯（Astington & Jenkins, 1999）提出，心理理论和语言的关系可能存在三种情况：（1）语言依赖心理理论能力；（2）语言是心理理论的前提和基础，即心理理论依赖语言；（3）二者可能都依赖第三种因素（例如，工作记忆、执行功能）。

一　对语言和心理理论关系的考察

詹金斯和阿斯廷顿（Jenkins & Astington, 1996）考察了儿童的语言能力和心理理论能力的关系。他们使用“早期语言发展测试量表”测量了68个2—5岁儿童的语言能力，又测验了错误信念理解能力。他们发现，在排除了年龄因素影响后，语言能力与错误信念理解测试成绩存在很高的相关。他们认为，儿童对错误信念的理解依赖于语言能力，但二者之间可能存在着更深层次的关系。他们在另一个纵向研究中，对3岁儿童在7个月内三次测量语言、错误信念理解和表观—现实区别（appearance-reality distinction）理解，结果发现，在排除早期的心理理论发展影响下，早期的语言能力可以预测后期的心理理论发展，而在排除早期的语言发展影响下，早期的心理理论却不能预测后期的语言。沃森、佩因特和伯恩斯坦（Watson，Painter，& Bornstein，2001）考察了儿童 2 岁时的语言发展和其 4 岁时心理理论测试成绩的关系，也得出了与阿斯廷顿和詹金斯（1999）的研究类似的结论。总之，众多研究说明，在儿童 3—4 岁阶段，语言能力对心理理论发展具有促进作用，这是比较一致的结论。

语言能力包括词汇获得、句法理解和表达等不同成分，不同的语言成分是否在心理理论发展中所起作用不同呢？阿斯廷顿和詹金斯（1999）提出，语言的不同方面对心理理论发展有不同的作用，特别是句法理解和表达，在心理理论能力发展中可能起着特殊的作用，因为儿童拥有了句法理解和表达能力，就可以对他人的思想进行抽象的表征。他们同意德维利尔（de Villiers，1995）的观点，即句子宾语补语结构形式提供了表征他人错误信念必需的语言框架。但是，也有研究者认为，儿童总的语言能力起着更重要的作用（Cheung，Chen，et al.，2004）。例如，鲁夫曼、斯雷德和罗兰森等（Ruffman，Slade，Rowlandson，et al.，2003）采用纵向研究方法，考察了语言和心理理论能力（包括信念理解、愿望理解、情绪理解）的关系。儿童被试者的年龄在 3 到 5 岁。结果发现，在两年多的时间跨度内，语言能力和错误信念理解存在着密切的关系，而与愿望理解和情绪理解关系并不紧密。这表明，语言能力的不同成分和心理理论能力的不同成分之间的关系是不同的。

近些年，为了考察语言和心理理论能力发展的关系，研究者以异常被试者为研究对象进行探讨，也得出了一些有意义的结论。例如，有研究发现，大脑左半球语言区存在损伤的儿童，与年龄匹配的正常儿童相比，错误信念理解测试成绩很差。

尽管大多数研究者认为，语言能力是心理理论发展的前提和基础，但是，也有研究者表明，儿童在未能获得语言能力之前，就已经获得了基本的心理理论能力。如果这种观点合理的话，那么我们可以设想，推测他人的心理状态不一定必须依靠语言，但是，依靠前文提到的经典的错误信念理解测试，很难反映出儿童的心理理论能力。

上述研究所用被试者年龄多在 3 至 5 岁。这个年龄段，语言发展和心理状态理解能力发展存在类似的规律。例如，幼儿获得一定的心理状态词汇，如心理状态动词“想、认为、以为、知道”等，同时儿童也理解了基本的心理状态概念，如“情绪、意图、信念”等。这种发展中的相似性，是否反映了本质上的联系，还是需要深入探讨的。很多研究基本上属于相关设计，很难得出因果关系的结论，即，我们不能因为发现语言测验成绩和心理状态理解测试（如错误信念理解测试）成绩的相关系数显著，就得出二者之间存在因果关系的结论。虽然在统计分析中使用了回归分析等手段，但除非有很强的证据，对实验结果给出因果关系的解释和推论还需谨慎。

二 句法和错误信念理解

前面提到，阿斯廷顿等人认为，句法在错误信念理解中起着更为重要的作用。在错误信念理解测试中，儿童要能够正确回答错误信念问题，就必须首先明白实验者所讲的故事，理解问题本身的含义。从这个角度看，儿童需要综合运用语义知识、句法知识和语境知识。但是，研究者特别强调的是，儿童要对故事中人物的错误信念状态进行表征，也就是对他人错误信念状态的理解。巴奇和威尔曼（Bartsch & Wellman，1995）认为，被试者要能够实现这种表征，就离不开一定的语言表达形式。它表现为一种句法形式，即一个心理动词（如“认为”、“知道”、“相信”等）后面跟一个宾语补语的句法结构。例如，“小林相信地球是圆的”，这种句子结构形式使得儿童能够在思想中表达他人的错误信念。这种句子结构形式，既可以表达一种正确的信念状态，也可以表达一种错误的信念状态。所谓表达错误的信念状态，就是说，虽然心理动词后面嵌套的句子有可能是错误的，但整个句子的“逻辑值”却是真的。如“小红认为巧克力在柜子里”，但实际上巧克力不在柜子里，而是在抽屉里，可是这个句子表达的却是一种真实存在的信念状态。阿斯廷顿、德维利尔等人认为，正是这种句子结构的这一特点，才使得这种句法的理解和表达在错误信念理解中起着重要的作用。

研究者认为，儿童要能够理解和表达这种句子结构形式，首先必须学会理解和使用心理动词。巴奇和威尔曼认为，儿童使用诸如“认为”、“知道”等心理动词，表明他们开始谈论自我和他人的心理状态，标志着他们逐渐获得了心理状态概念。儿童在 4 岁左右已经掌握了心理状态动词，以及心理状态动词加上一个宾补结构的句子结构形式。语言发展中的这个成就，与通过错误信念理解测试的时间基本一致（de Villiers，1995；Tager-Flusberg，1999）。

中国儿童掌握这种心理动词的情况与西方文化下的儿童有一定差异。塔迪夫和威尔曼（Tardif & Wellman，2000）研究了使用汉语普通话和广东话的中国儿童掌握心理状态语言的情况，他们发现，中国儿童获得心理状态语言与其他语言环境下的儿童有相似的规律，比如，使用表达“愿望”的心理动词一般出现在使用表达“信念”的动词之前，但是，使用普通话的儿童在 24 个月时，在交谈中开始出现“想”（表示“认为”的意思）这样的心理动词。中国儿童在交谈中使用表达信念状态的动词（如“认为”）的频率较低。在句法表达上，中国父母在与儿童的交往中，也较少出现“我认为……”这样的表达方式。

德维利尔等人提出，我们可以使用动词后跟补语结构的句子形式，表达与现实不一致的信息。他们把这种句子表达形式叫作补语句法结构。他们提出，这种句子结构中有两类动词，一类是心理动词（如“认为”），还有一类是交流动词（如“说”）。在这种句法结构中，一个主动词引导一个独立命题，就形成了嵌套结构。在句子中，如果只有一个主动词，就形成一级嵌套，如前面提到的“小红认为巧克力在柜子里”；如果把一级嵌套命题再放到一个动词后面，就形成了二级嵌套，如“小刚认为小红认为巧克力在柜子里”。如此类推，可以形成多级嵌套。句子嵌套越多，表达的思想内容越复杂。个体可以利用这种嵌套命题表达他人的心理状态，二级嵌套命题就可以表达二级心理状态。整个命题的“真值”，不能根据嵌套命题的“真值”来判断，而要依据整个句子表达的“逻辑值”来判断。德维利尔等人认为，这种句子结构的表达形式为儿童提供了心理表征的工具，它的获得是通过错误信念理解测试的必要前提条件。

德维利尔和派尔斯（de Villiers & Pyers，2002）利用纵向研究方法，考察了补语句法结构的获得和错误信念理解的关系。他们给儿童讲述一个简短的故事，其中的人物犯了一个错误，即人物的信念或所说内容与实际情况不一致，讲完之后，要求儿童报告错误的内容，并推测人物的行为。在这个测试中，并不要求被试者理解人物的心理状态，仅仅是在头脑中保持相应的句子，并报告有关的内容。

故事举例："他（实验者指着一张照片中的小朋友）认为他找到了自己的铅笔，但实际上那是一个小木棍。他认为那是什么?"

正确的答案是"铅笔"，或者"他认为那是铅笔"。这样的故事一共有10个。德维利尔等人利用这种方法测试儿童被试者对补语句法结构的掌握情况。儿童被试者的年龄大概在3岁多。研究者在一年之内，对错误信念理解和补语句法结构掌握情况进行了4次测试。他们发现，句子补语结构测试的得分可以显著地预测错误信念测试成绩，而错误信念理解测试成绩却不能预测句子补语结构测试分数。但是，他们也并不主张，所有的心理状态理解都依赖这种补语句法结构的掌握。德维利尔等人认为，这种特殊句法结构的掌握，为错误信念的编码提供了一种语言表征工具，儿童使用这种工具表征，可以构建错误信念推理的外显的理论系统。

这个观点一经提出，就迅速引起了其他研究者的关注和争论。补语句法结构对错误信念理解的预测作用，得到一些实验研究的支持。海尔和塔格—弗拉斯伯格（Hale & Tager-Flusberg，2003）假设，按照德维利尔等人的观点，句子补语结构的获得有助于儿童错误信念的理解。他们试图采用训练的研究方法检验这一假设。在研究中，他们把在前测中不能通过错误信念理解测试和补语句子结构测试的60个3—4岁儿童随机分配到三个训练组，分别训练错误信念理解，补语句子结构理解和关系从句（relative clauses）理解。其中，补语句子结构训练采用讲故事的方式进行。故事中的角色包括《芝麻街》[①] 节目中的大鸟（Big Bird）、木偶人物葛列弗（Grover）以及一个小男孩。实验者拿着角色道具，先给儿童被试者介绍这些角色。然后，实验者表演小男孩亲吻大鸟的动作。并对儿童被试者说："小男孩说，'我亲吻了葛列弗'"。实验者问儿童被试者："小男孩说了什么?"如果小男孩回答对了，实验者就给以反馈说，"对了，小男孩说，'我亲吻了葛列弗'，但他实际上亲吻了大鸟"。如果儿童被试者回答

① 《芝麻街》是美国一家非营利性教育机构"芝麻街工作室"（Sesame Workshop）制作的儿童教育节目。1969年在美国国家教育电视台首播。节目综合运用了木偶、动画和真人表演等各种表现形式向儿童教授阅读、算术等基本知识和基本的生活常识。节目受到儿童和家长的喜爱与好评，在世界多个国家的电视台传播推广。

错误，实验者就再表演一遍，并说“记住，小男孩说，‘我亲吻了葛列弗’，但他实际上亲吻了大鸟”。然后重复同样的问题，并对儿童被试者的回答进行反馈。直到儿童回答正确。经过两周左右的训练后，对错误信念理解、补语句子结构理解再进行后测。结果发现，那些进行句子补语结构理解训练的儿童被试者，在后测中的错误信念理解测试成绩与前测相比，有了很大的提高。进行错误信念理解训练组的儿童被试者，也提高了错误信念理解成绩，但补语句法结构测试成绩并没有提高。这表明，补语句子结构理解训练确实使儿童被试者理解他人的错误信念更容易了。但是，上面提到的训练过程中，包含了带有欺骗性的谈论内容，例如，故事中的小男孩亲吻了大鸟，却说亲吻了葛列弗，这与错误信念测试的内容有雷同之处，所以，儿童理解了错误信念，有可能与这种欺骗性的谈话内容有关。洛曼和汤姆塞拉（Lohmann & Tomasello，2003）也进行了一项类似的训练研究，并试图把这种欺骗性经验谈论与补语句子结构理解训练的作用区分开。他们同样选择不能通过错误信念理解测试的3—4岁儿童进行训练。他们发现，对被试者进行补语句子结构理解训练，在不包含欺骗性谈话内容的情况下，也能够有效地提高儿童被试者的错误信念理解测试成绩。这些训练研究支持德维利尔等人的观点，即补语句子结构为儿童理解错误信念提供了便利的语言表征形式。

但是，也存在一些不利的研究证据。佩尔奈、斯普让和海德（Perner，Sprung，& Haider，2003）以德国儿童被试者为研究对象，试图验证德维利尔等人的理论假设。在英语语言背景下，儿童理解他人的愿望要早于理解信念，而且儿童对愿望的理解不像理解信念那样需要嵌套的命题形式。但在德语中，对愿望心理状态的语言表达同样需要采用这种嵌套的补语句子结构形式。按照德维利尔的主张，在德语中，儿童对愿望的理解应该同对信念的理解一样困难。在研究中，他们使用6个故事对儿童被试者理解补语句子结构进行测验。分三种实验条件，一种条件下，对儿童被试者的提问采用动词“想要”（want），第二种条件下，采用动词“说”（say），第三种条件下，采用动词“认为”（think）。错误信念理解测试采用两个位置改变任务。结果表明，被试者对愿望的理解通过率与其他三种条件下有显著的差异，而且远远好于错误信念理解测试成绩。研究者认为，德维利尔等人的理论观点，即补语句子结构掌握对心理理论能力发展起决定作用，并不能解释本研究的结果。因为在德语里，表达愿望状态同样需要补语句子结构，应该跟错误信念理解一样困难，但德语儿童理解起来却很容易。他们解释说，对愿望和信念心理状态的理解符合威尔曼等人提出的心理理论能力发展遵循从“愿望心理学”到“愿望—信念心理学”，再到“信念—愿望心理学”的发展规律，并不是决定于心理状态概念的理解到底采用什么样的句子结构。

另有研究者也提供了一些跨文化比较的证据。霍夫曼等人指出，在错误信念理解中起重要作用的并不是句法或者补语句子结构，而是总的语言能力。鲁夫曼等人（Ruffman et al.，2003）采用句子和图画匹配的方式，考察儿童被试者对句子嵌套和句子词序的理解。所谓句子嵌套，指一个句子中包含有一个从句。例如，“The ball that is blue is on the table（那个蓝色的球在桌子上）”。在英语中，用“that”引导的从句作为一个嵌套结构，对主语起到界定作用。实验者给儿童被试者呈现三张图片，其中一张图片中，一个蓝色的球在桌子上；第二张图中，一个蓝色的球在桌子下；第三张图片中，一个黄色的球在桌子上。在给儿童被试者读完句子后，要求他指出来，哪张图片符合句子所描述的情况。理解句子词序测试，主要是考察儿童对只有主谓宾结构的简单句的理解，如“一只狗正在追那个小男孩”。在读完句子后，给儿童呈现三张图片，上面分别是：一个小男孩在跑，后面一只狗在追；一只狗在跑，一个小男孩在追；一个小男孩和一只狗平行站立。要求被试者选择与句子表达的意义相符的那张图片。他们又对儿童被试者理解情绪和理解错误信念进行了测验。有两个研究结果比较有意思，其一，发现句子理解测试的成绩和情绪理解测试成绩有显著相关。霍夫曼等人认为，儿童对情绪的理解不需要元表征能力，所以句子理解成绩应该和情绪理解成绩没有显著的相关。其二，句子理解的测试得分能够解释错误信念理解测试得分的变异很小，而把句法和语义理解得分合在一起测量的总的语言能力却能够解释错误信念理解测试得分更多的方差变异。张、陈等人（Cheung & Chen，2004）在以说广东话的中国儿童为被试者进行的实验中同样发现，宾补句子结构理解与错误信念理解测试成绩显著相关，而且可以预测错误信念理解测试成绩，但是一旦引入了总的语言能力变量，补语句子结构理解成绩的作用便不显著了。

我们推测，句子补语结构理解和掌握，对儿童获得错误信念理解能力具有一定的作用。但是，可能不像德维利尔所说的，它是儿童理解错误信念的必要前提条件。语言对心理理论能力的影响，也具有文化差异性。不同文化下的儿童，在相似的年龄，获得了错误信念理解能力，表明心理状态概念的理解具有普遍的规律。但是，在不同文化下，语言对心理理论能力发展的影响机制可能不太相同。例如，虽然中国父母和儿童在交谈中不常使用"我认为……"这种句子结构，但也可以通过其他途径理解错误信念。针对关于句子补语结构理解和总的语言能力在心理理论能力发展中的作用，我们认为，儿童总的语言能力是心理理论能力发展的基础，只有总的语言能力发展到一定阶段，补语句子结构的掌握才能促进错误信念理解从内隐的获得发展到外显的表现。

三　对补语句子结构和错误信念理解关系的解释

如果说句法和错误信念理解有密切的关系，那么二者是如何联系在一起，如果说儿童理解和使用句法的能力对错误信念理解有重要的作用，那么这种作用又是如何发生的呢？

佩尔奈等人（Perner，et al.，1991）认为，心理理解能力中的表征不同于对一般事件的知觉表征，因为它是一种元表征，类似于一种对认识的认识，对表征的表征，它使得个体能够动态地知觉和监控自我以及他人的心理状态。这种元表征能力对人们合理预测和解释他人的行为非常重要。普拉特和卡尔米洛夫—史密斯（Plaut & Karmiloff-Smith，1993）提出，儿童的表征系统存在着从简单到复杂的发展过程。在4岁左右，这种表征系统逐渐成熟，儿童能够表征他人抽象的心理状态。对他人错误信念状态的表征，涉及采用语言形式表达命题内容和命题态度（propositional attitude），如"桌子上有一支铅笔"是描述命题内容，而"我认为桌子上有一支铅笔"则是一个包含命题内容的命题态度，命题内容是对事件或事物的正确或错误的描述，而命题态度则与命题内容陈述的"真值"有关。命题态度的描述不一定需要命题内容的真实性。命题态度常使用心理状态动词加以表达，如"认为、希望、要求、假装、知道"，心理状态动词能够使得说话者表达他们对特定的情景所持的特定态度。语言作为表征客观事物和内部心理状态的重要工具，为这种表征系统的发展成熟提供了基础。

巴伦-科恩认为，孤独症患者之所以在错误信念理解测试中失败，就是因为语言损伤使他们缺乏元表征的能力。卡马瓦和奥尔森（Kamawar & Olson，1999）提出，儿童在元表征能力发展之前，只能根据他人的语言表达，理解他人所指的实际事物。而在元表征能力发展起来之后，就可以想别人之所想，也就是说，能够把别人的思想作为理解的对象，不但能够理解他人所指的实际事物，而且可以理解他人如何看待实际事物。基于此，儿童就可以知道对客体及其关系可以有不同的表征形式，可以有不正确的表征，而且不同的人可以有不同的表征状态。

德维利尔主张，句法尤其是补语句子结构形式为儿童理解错误信念提供了表达机制。二者之所以存在密切的关系，是因为它们都涉及错误表征。与佩尔奈等人的观点不同的是，她主要是从错误信念理解需要一种语言表达工具的角度看待二者之间的关系，更注重心理理论的表现形式和句法的作用。而佩尔奈则是从儿童对信念状态的表征角度来看待心理理论和语言的关系。这两种观点实际上并不矛盾。

另有一些研究者认为，不能过分强调句法的作用，儿童心理理论的发展与心理状态术语的学习密不可分。所谓心理状态术语（mental state term），就是表达心理状态的词语"认为"、"知道"等。因为这种表达心理状态术语的掌握，使得儿童能理解和表达心理和现实的不一致，能同时在头脑中保持对同一件事情的不同表征（Olson，1998）。尼尔森和迪萨纳亚克（Nielsen & Dissanayake，2000）发现，心理状态术语的使用和错误信念理解存在显著的正相关。

另外，也有研究者提出，儿童心理理论发展，可能既不是因为心理状态术语的掌握，也不是由于特殊句法结构的作用，儿童在社会交往中与他人的社会性谈论才是更重要的（Harris，1999；Cheung，Chen，et al.，2004；Peterson，2000）。

人们逐渐认识到，心理理论与语言的关系可能不是单一的直线式关系，而是在不同阶段，二者的关系表现为不同的模式。在婴儿时期，联合注意和假装等为语言发展特别是词汇学习提供了基础，之后，在3岁左右，语言发展为心理理论进一步发展提供了表征他人心理状态的工具，使心理理论发展由简单到复杂，从直观到抽象，从内隐到外显。儿童和成人时期，心理理论和语言发展出现一定的分离现象，这时期，对他人心理状态的理解逐渐自动化，逐渐可以脱离语言而进行。语言的不同成分和心理理论具有不同的关系。但是，在研究中，我们还缺乏具体可行的实验技术手段把语言的不同成分从本质上分离开，所以目前的研究结果基本上属于间接的证据（Astington，2004）。心理理论和语言的关系问题，既是发展心理学心理理论研究领域一个新的问题，也是语言和意识关系这个古老问题的具体化和延伸。

另外，其他一些因素可能影响到心理理论与语言的关系，例如，工作记忆容量、元语言意识等。基南（Keenan，1998）曾发现，4—5 岁儿童的工作记忆和错误信念理解测验成绩存在显著的相关。奥尔森（Olson，1989）认为，儿童的工作记忆容量增加了，他们就可以同时考虑更多的内容，这可能会影响到儿童在错误信念理解测试中，是否能够理解复杂的故事内容和问题，以及考虑该如何做出决定。

第六章

心理理论与家庭及其他环境因素的关系

本章主要探讨心理理论的个体发生发展与环境因素的关系。例如，幼儿的心理理论发展究竟受到哪些环境因素的影响，影响的过程和机制如何。休斯等人（Hughes，2005）采用行为遗传学的方法研究了1116对60个月大的双胞胎，发现环境因素对心理理论测试成绩的影响非常大。尤里·布朗芬布伦纳（Bronfenbrenner，1979）提出的生态系统论认为，生态环境是影响个体发展最重要的来源，发展中的个体处于相互影响的一系列环境系统之中，系统与个体相互作用从而影响着个体发展。

我们把家庭微系统分为三个子系统，即家庭基本环境子系统、父母与儿童互动子系统和兄弟姐妹与儿童互动子系统。三个子系统相互影响，形成了动态的、发展着的家庭微系统。家庭基本环境子系统属于客观环境，它包括两个变量：家庭社会经济地位、兄弟姐妹数量类型。父母与儿童互动子系统属于主观环境，它包括以下变量：依恋类型、教养方式、母亲情绪表达和亲子游戏。兄弟姐妹与儿童互动子系统也属于主观环境，它包括以下变量：兄弟姐妹与儿童间的合作冲突和假装游戏。本文通过分析各因素在心理理论发展中的作用，探讨家庭微系统影响儿童心理理论发展的过程和机制，构建家庭微系统影响心理理论的模型。

第一节　家庭基本环境子系统对儿童心理理论发展的影响

一　家庭社会经济地位

家庭社会经济地位的测量主要基于母亲受教育程度、母亲职业阶层和父亲职业阶层（Meins，Fernyhough & Russell，1998）。有研究者考察了来自不同家庭社会经济地位的3—4岁儿童的心理理论，发现家庭社会经济地位高（用父母职业声望的社会经济系数来测量）的幼儿，其错误信念理解测试成绩显著高于家庭社会经济地位低的幼儿（Shatz，Diesendruck & Martinez-Beck，2003）。母亲受教育程度、母亲职业阶层、父亲职业阶层与4岁儿童心理理论水平显著相关，而父亲受教育程度与儿童心理理论水平相关并不显著（Cutting & Dunn，1999）。然而，卢卡雷洛等人（Lucariello，2007）考察了5—6岁儿童推测自我和他人心理状态的能力，包括对自我与他人的信念、情绪和知觉的理解，发现高、低两种家庭社会经济地位的儿童，其心理理论测试成绩并没有显著差异。他们认为，研究结果与以前发现不一致，可能是因为测试任务的不同和被试者年龄的差异导致的。最可能的原因是卢卡雷洛等人的研究中所用的被试者年龄范围较小，被试者的心理理论测试成绩差异不大，所以很难发现不同社会经济地位的儿童在心理理论测试成绩上的差异。还有可能是因为家庭社会经济地位对幼儿心理理论发展的影响是间接的，前者通过其他中介变量从而影响后者。

卢戈吉尔和塔密斯－莱蒙德（Lugo-Gil，Tamis-Lemonda，2008）在幼儿14个月、24个月和36个月时收集其家庭资源（用家庭人均收入、母亲受教育程度、母亲自身阅读频率、父亲是否与母子同住来测量）、父母养育质量（用母子游戏、挑战性任务和HOME量表来测量）和幼儿认知发展水平的数据资料。分析发现，幼儿的家庭人均收入、母亲受教育程度与父母养育质量显著相关。在三个不同时间点上，幼儿的家庭资源、父母养育质量与其认知发展能力分数相关显著，并且前两者能够持续预测后者。在幼儿三个年龄段上，父母养育质量在家庭资源对其认知能力水平的影响中起完全中介作用。家庭资源中，母亲受教育程度对父母养育质量影响最大，家庭人均收入的影响次之。同时，父母养育质量对幼儿认知能力水平具有正性的直接的影响。从这一研究结果可见，家庭客观环境对幼儿认知能力的影响是通过父母养育质量这一中介变量而起作用的。家庭社会经济地位会影响父母与儿童互动子系统中父母教养方式、亲子游戏等因素，进而影响儿童心理理论能力。但儿童认知能力与作为社会认知功能的心理理论能力存在差异，因此该假设有待验证。

二　兄弟姐妹数量和类型

佩尔奈等人（Perner，Ruffman & Leekam，1994）认为，兄弟姐妹数量和类型会影响儿童心理理论的发展。家庭中兄弟姐妹数量越多，儿童的心理理论水平越高。同样年龄的幼儿，有哥哥姐姐的儿童要比那些只有弟弟妹妹的儿童错误信念理解测试成绩好（Ruffman，Perner，Naito & Parkin，1998；Cassidy，Fineberg，Brown & Perkins，2005）。但是，彼得森（Peterson，2000）的研究结果与上述结论不一致。他发现有同辈兄弟姐妹（即年龄在12个月到12岁之间的兄弟姐妹）的幼儿的心理理论测试成绩优于独生子女。而只有那些兄弟姐妹小于12个月或大于12岁的儿童，在心理理论发展水平上才不具有优势。麦卡利斯特和彼得森（McAlister & Peterson，2007）的研究也得出了类似的结果。他们的纵向研究表明，儿童如果有同辈兄弟姐妹，在3岁初到6岁期间，心理理论发展一直保持一定的优势。中国多年来实施计划生育政策，很多城市家庭的孩子都是独生子女。张玉萍和苏彦捷（2007）发现，幼儿园混龄编班的孩子在理解错误信念和情绪方面，要优于那些来自非混龄编班的同龄儿童。

上述研究表明，如果儿童有兄弟姐妹，其心理理解能力发展可能存在一定的有利条件。但是，兄弟姐妹数量和类型似乎并不是影响儿童心理理论的直接因素。我们推测，有兄弟姐妹的儿童，在日常生活中，彼此会有较多的共同活动（例如，兄弟姐妹间的合作、冲突和假装游戏等）和交谈，这为儿童提供了体验他人心理状态的机会，这有可能是兄弟姐妹的存在有利于儿童心理理解能力发展的原因。

综合以上分析，我们提出家庭基本环节子系统与心理理论发展之间关系的模型（见图6.1）。该模型中，家庭社会经济地位是通过父母与儿童互动子系统影响心理理论发展的，兄弟姐妹数量和类型是通过兄弟姐妹之间的互动子系统而影响心理理论发展的。

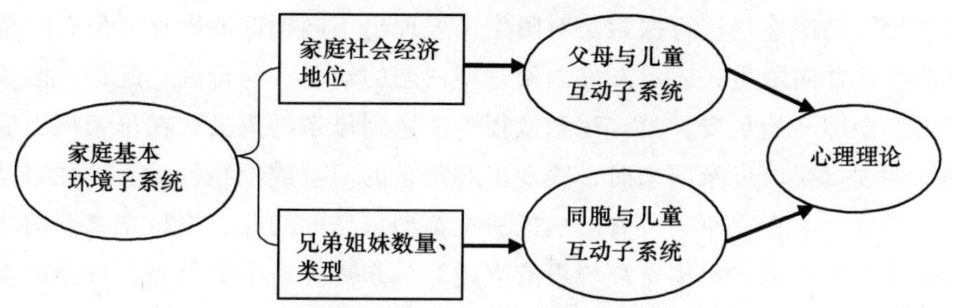

图 6.1　家庭基本环境子系统影响心理理论的机制模型

第二节　父母与儿童互动子系统对儿童心理理论发展的影响

一　依恋类型

依恋（attachment）是指婴儿和照看者之间的一种互惠的、持续的情感联结。依恋是人类适应生存的一个重要方面。它不仅能够确保个体生存的心理和生理需要得到满足，而且影响到个体终生的社会适应性。英国发展心理学家约翰·鲍比（John Bowlby，1973）提出了依恋的概念和理论。他发现，那些进入孤儿院的幼儿虽然在身体上得到了良好的看护，但仍然表现出严重的心理障碍，因此，他在生态学和精神分析理论基础上，提出了母爱剥夺等因素会导致孤儿产生心理障碍的理论。鲍比的学生玛丽·安思沃斯（Mary Anisworth）和同事设计了陌生情境（strange situation）法来检验儿童的依恋状态，这种方法是一种基于实验室研究技术评定婴儿和成人之间依恋模式的经典范式。他们通过采用陌生情境法和在婴儿家中对婴儿的仔细观察，探讨了影响母子依恋质量的因素，并根据陌生情境下幼儿与母亲分离和重聚时以及陌生人在场时的表现，将幼儿的依恋类型划分为典型的三种，即安全型依恋（最常见的类型）和不安全的依恋模式（包括回避型依恋、焦虑—抗拒型依恋）。

母亲是幼儿的第一依恋对象。母亲与幼儿交往过程中的积极经验帮助幼儿形成对周围世界和自我的基本信任感。安全型依恋的幼儿，当母亲在场的时候急于探索游戏室，但母亲离去时表现出不安。当母亲回来时，幼儿会主动发起与母亲的互动，寻求与母亲的身体接触，很快平静下来，接着开始对周围事物进行探索。对陌生人表现出不同程度的警觉，但有时也试图接近并向陌生人表示友好。回避型依恋的幼儿，与母亲一起进入游戏室后，立即开始玩耍，没有注意或很少注意到母亲的离去，在母亲离去后仍能继续玩耍。母亲回来时，表现出对母亲的回避或拒绝行为。往往容易出现生气，不喜欢单独待着。焦虑—抗拒型依恋的幼儿，在母亲离开前非常烦躁开始焦虑。对新奇环境没有兴趣。母亲离开后十分沮丧，母亲回来时表现出矛盾行为，即想寻求接触，但又通过踢和扭动身体表示抗拒。对陌生人不主动接近，社会适应上表现消极。不爱探索，烦躁情绪下很难通过安慰平静下来。

依恋类型作为早期个体人际关系质量的主要变量之一，对社会认知能力的发展有很大影响。研究发现，3—4 岁安全型依恋儿童的错误信念理解测试成绩显著高于不安全型依恋的儿童（Arranz，Artamendi，Olabarrieta & Martin，2002）。梅因斯（Meins，2002）在婴儿 6 个月时，让母子进行 20 分钟自由游戏，记录母亲使用的恰当和不恰当的心理状态术语。在婴儿 1 岁时，通过陌生情境法测量其依恋类型。在 45 个月和 48 个月时通过采用表观—现实任务、意外内容任务和位置改变任务测量心理状态理解能力。结果发现，幼儿心理状态理解能力与母亲使用的恰当反映婴儿心理的心理状态术语呈显著正相关，与不恰当反映婴儿心理的心理状态术语和安全型依恋相关均不显著。母亲恰当反映婴儿心理的心理状态术语能单独预测幼儿的心理理论测验成绩。由此可见，母亲在与儿童互动交往时所使用的心理状态术语是影响儿童心理理论发展的重要因素。并且，梅因斯等人（Meins，Fernyhough & Russell，1998）发现，安全型依恋儿童的母亲在要求自由描述孩子的特点时更倾向于描述孩子的心理性特点。

可以推测，安全型依恋儿童的母亲在与孩子交流时更容易使用恰当的心理状态术语，而正是这种心理状态术语的使用促进了儿童心理状态理解能力的发展，即依恋类型是通过母亲使用恰当反映儿童心理的心理状态言语这个变量而影响儿童心理理论发展。

二　父母教养方式

父母教养方式（parenting style），有时候又叫作“养育方式”，它一般是指父母在抚养和教育儿童的活动中使用的方式和方法，父母教养行为的特征和稳定的倾向。儿童生活的早期环境主要是家庭，幼年时期来自父母的教育对儿童的社会化过程和终生的发展有着重要的影响。美国心理学家戴安娜·鲍姆林德（Diana Baumrind）发现，父母在管教子女中有四个方面的特征，即管束、要求、亲子沟通和养育。管束是父母对儿童的行为立下的规矩和标准，以及违反规矩和达不到标准的处罚方式；要求是父母对孩子的期望。亲子沟通是父母如何与子女进行沟通和交流；养育指父母对子女的关爱。鲍姆林德把家长分为民主型、专制型和宽容型。麦科比和马丁（Maccoby & Martin，1983）又提出了父母对子女教育的两个维度，即“要求”和“反应性”。“要求”是父母对子女的期望，即父母是否对孩子的行为建立适当的标准，并坚持要求孩子达到这些标准。“反应性”是父母对儿童行为的反馈，即父母对孩子接受的程度及对孩子需求的敏感程度。据此把家长分为权威型家长、专制型家长、溺爱型家长和忽视型家长四种类型。

瑞典心理学家佩里斯（C. Perris，1980）把父母教养方式的维度进一步加以扩展，编制了一套评价父母教养方式的问卷，即后来普遍使用的父母教养方式评价量表。我国学者杨丽珠（1998）、淘沙和董奇（1997）、钱铭怡（1999）对我国儿童和青少年的父母教养方式进行了研究，发现父母教养方式具有跨文化和民族的一致性，但又带有文化和民族的特征。

许多研究者考察了父母教养方式对儿童心理状态理解能力的影响。结果发现，3—5 岁儿童心理状态理解水平与情感理解温暖的教养方式呈显著正相关（李燕燕、桑标，2006）。7 岁组儿童对于包含意图的信念理解与过度偏爱的教养方式呈显著负相关，8 岁组儿童对包含意图的信念理解与惩罚和严厉教养方式呈显著负相关（杜丹、苏彦捷，2009）。

研究者考察了不同文化背景下的教养方式与心理理论的关系。威登（Vinden，2001）研究了 3—6 岁韩裔美国儿童和英裔美国儿童的心理理解能力与其父母教养态度间的关系。通过父母养育态度问卷测量父母养育风格的三个方面：行为控制、学习自由、自主鼓励度。结果发现，英裔美国儿童的心理状态理解水平与专制型教养方式呈现负相关。权威型教养方式与心理理论相关不显著。与此相反，韩裔美国母亲一般为专制型教养方式，但 5 岁韩裔美国儿童的心理状态理解水平高于英裔美国儿童。由此可见，不同社会文化背景下，父母教养方式对儿童心理状态理解的影响并不一致。在不同社会文化环境下，同一类型父母教养方式的表现并不完全相同，父母与儿童的互动特点可能也存在差异，而正是这些因素导致了研究结论的不同。

鲁夫曼等人（Ruffman，et al.，1999）深入考察了不同的父母教养方式下具体的亲子教育特点对3—4岁儿童心理理论发展的影响。通过访谈法，请父母谈谈五个最近刚刚经历的教育孩子的情境，要求父母描述当时真实的反应和做法（如你记得最近一次孩子向你撒谎的情境吗？你当时知道他/她撒谎了，你是怎么说怎么做来教育他/她的?）。把父母的回答按照四类教育策略（即情感感受探讨、一般性讨论、训斥反应和不明确反应）进行编码。结果发现，情绪感受探讨的次数与儿童信念理解测试成绩显著正相关。而一般性讨论、训斥反应和不明确反应与儿童信念理解成绩的相关均不显著。

由此可见，父母在教育儿童的情境中探讨彼此的情绪感受，通过进行心理状态的讨论，引导儿童正确感受他人的心理，可以促进儿童心理理解能力的发展。仅仅探讨教养方式与心理理论的关系，可能很难解释教养方式直接影响心理理论发展的机制。在不同的教养方式下，父母与儿童的心理状态谈论方式和内容不同，从而对儿童心理理论发展产生不同的影响。父母教养方式可能通过中介变量（如亲子间心理状态谈论）影响儿童心理状态理解能力的发展。

三　母亲情绪表达

母亲与儿童的互动交流中，情绪情感的表达影响儿童心理状态理解能力的发展。加纳等人（Garner，Dunsmore & Southam-Gerrow，2007）发现，在母子共同进行的游戏中，母亲给予儿童的情绪解释与儿童情绪理解能力显著相关。家长分享情感的行为也有利于促进儿童对情绪心理状态的理解（马伟娜、洪灵敏和桑标，2009），并且母子交流过程中母亲心理状态术语的使用与儿童情绪理解测试分数呈显著正相关（McQuaid，Bigelow，McLaughlin & MacLean，2008）。

西蒙斯和克拉克（Symons & Clark，2000）考察了学前儿童母亲情绪对其心理理论的影响。在儿童2岁和5岁时，采用自我报告法，让母亲填写问卷，收集母亲抑郁症状、情境焦虑和特质焦虑、亲子关系中的压力、压力应对风格和社会支持的资料，从而获得母亲情绪综合分数。在儿童5岁时，测量儿童的心理状态理解能力。结果发现，儿童2岁时母亲的抑郁情绪能预测儿童5岁时心理状态理解测试成绩。研究者认为，在儿童发展早期，具有相对较高但并未达到临床水平的抑郁情绪的父母，关注儿童的心理状态，更多使用心理状态术语，可能有利于儿童和母亲之间的情绪情感理解。

四　亲子游戏

游戏是幼儿学前期的主要活动，亲子游戏能提供父母与儿童互动交流的环境，大量研究表明，亲子游戏有利于促进儿童心理理论发展。西蒙斯等人（Symons，et al.，2006）考察了母子游戏中心理状态谈论与幼儿错误信念理解之间的关系。在幼儿2岁时，对游戏过程进行录像，观察母亲心理状态术语的使用情况。在幼儿5岁时对心理状态理解能力进行测试。结果发现，亲子自由游戏中母亲使用的恰当的愿望状态术语数与幼儿5岁时心理状态理解能力相关显著，并且独立于其他因素（母亲敏感性、家庭社会经济地位、幼儿语言能力）的影响。母子自由游戏中幼儿愿望状态术语数与母亲恰当反映儿童心理或行为的愿望状态术语数量显著相关，幼儿认知状态术语数与母亲恰当的认知状态术语数量显著相关。这表明母亲心理状态术语的使用能影响儿童心理状态术语的使用，并促进儿童心理理论能力的发展。针对研究中母亲认知状态术语不能预测儿童5岁时的心理理论能力这一结果，研究者认为，可能在儿童年龄稍大一些的阶段，这种促进作用才能显现出来。

西蒙斯和彼得森等人（Symons & Peterson，2005）也发现，母子共同阅读书籍和讲故事任务中使用到的心理状态术语也与儿童心理理论能力显著相关。这些研究都提示了心理状态术语的使用在亲子游戏促进儿童心理理论能力发展过程中起着重要作用。在亲子游戏中，母亲使用心理状态术语能为儿童提供思考自己和他人心理状态的机会，进而促进儿童心理理论发展。我们推测亲子游戏通过心理状态谈论影响儿童心理理论的发展。

第三节 兄弟姐妹与儿童互动子系统对儿童心理理论发展的影响

一 合作与冲突

同伴之间的社会交往是影响儿童社会化过程的重要环境因素。包括兄弟姐妹在内的与同伴之间的社会交往活动，不但有利于儿童交往能力的提高和健全人格的培养，而且也有助于发展心理状态理解能力。合作与冲突是幼儿的社会交往活动中重要的互动形式。幼儿的游戏活动和日常生活都会存在一些冲突情境，在解决冲突问题时，幼儿不但需要采用合适的策略，同时也需要理解他人的愿望、意图和信念等心理状态。研究发现，家庭中儿童与兄弟姐妹之间合作、冲突的互动交往过程会影响儿童心理理论能力发展。卡廷和邓恩（Cutting & Dunn，2006）考察了 4 岁儿童与兄弟姐妹间交往质量和心理状态理解能力之间的关系。研究者观察和记录儿童在谈话中所说的每个句子，统计那些具有假装、冲突、非交流等特征的句子出现的频率。结果发现儿童错误信念理解和情绪理解成绩与儿童的假装句子数呈显著相关，与冲突句子数呈显著负相关。这表明，儿童在与兄弟姐妹交往中的合作、冲突过程，包含心理状态言语谈论的互动情境，可能会促进他们对他人心理状态的思考、推测和理解，进而促进心理理论能力的发展。

布朗、多尼兰麦考尔和邓恩（Brown，Donelan-McCall，& Dunn 1996）考察了幼儿与兄弟姐妹间合作冲突互动交往、心理状态术语使用与错误信念理解之间的关系。发现幼儿与兄弟姐妹间的合作与心理状态术语的使用相关显著。幼儿与兄弟姐妹交谈中使用心理状态术语与错误信念理解能力相关显著。富特和霍姆斯—洛纳根（Foote，Holmes-Lonergan，2003）研究了 3—5 岁儿童和兄弟姐妹间的冲突与其心理状态理解能力的关系。研究者对儿童与哥哥或姐姐的自由游戏过程进行录像。统计儿童在冲突过程中所使用的心理状态术语和三种不同类型争论（即他人引发的争论、自己引发的争论和无争论）出现的频率。发现儿童心理状态理解水平与他人引发的争论呈显著正相关、与自己引发的争论不相关、与无争论呈显著负相关。同时，冲突中使用的心理状态术语与他人引发的争论显著相关，与自我引发的争论相关不显著。回归分析结果发现，他人引发的争论能显著预测儿童错误信念理解测试成绩，而自我引发的争论不能预测儿童错误信念理解测试成绩。我们可推测，他人引发的争论与自我引发的争论不同之处在于，在与他人的争论中，儿童会使用更多的心理状态术语。他人引发的争论对儿童自身的冲突影响更大，从而引发儿童理解和思考他人心理状态，使用心理状态术语的数量更多。由此可见，心理状态术语的使用在合作冲突促进儿童心理理论发展过程中具有重要作用。

二　假装游戏

假装游戏是幼儿同伴交往中的重要内容。皮亚杰（Jean Piaget，1945）观察了儿童的“象征性游戏”现象，他在《儿童的游戏、梦和模仿》一书中描述了儿童的假装游戏行为。他提出，假装游戏活动的本质是对不在眼前的物体和情境的心理表征。皮亚杰从儿童发展的机制上解释说，假装游戏是一种模仿、极端形式的同化。我们可以观察到儿童同伴交往中的这种现象，例如，常见的“过家家”游戏，就是一种对家庭生活的模仿，包括日常生活的中的角色扮演和分配、生活事件的安排和表演等等。在假装游戏中，幼儿将一个物体表征为另外一个物体，从而提高了幼儿的心理表征能力。从假装游戏发展上来说，儿童在4岁左右，表现出与同伴合作的社会剧假装游戏，如果假装游戏中有成人和年龄较长的兄弟姐妹参与，则假装游戏活动水平可能更高、更复杂。但到了小学阶段，假装游戏活动会明显减少。

休斯等人（Hughes，et al.，2006）考察了2岁幼儿和兄弟姐妹之间游戏质量（包括假装游戏活动的频率、互惠游戏的频率）、心理状态谈论与心理状态理解之间的关系。发现当控制了幼儿年龄、语言能力和心理状态谈论次数后，幼儿与兄弟姐妹之间的假装游戏质量与其心理状态术语使用频率显著相关。该研究提示，在假装游戏促进幼儿心理理论能力发展中，心理状态谈论可能起着重要作用，而且与儿童的语言能力和年龄有关。

另外，尼尔森和迪萨纳亚克（Nielsen & Dissanayake，2000）考察了36—54个月的幼儿假装游戏、心理状态术语使用和错误信念理解之间的关系。发现儿童错误信念理解测试成绩与假装游戏（如物品替换、角色分配等）的频率呈显著正相关。心理状态术语的使用与儿童心理理论能力呈现正相关关系、与假装游戏中物品替换、假想游戏和角色分配这三个维度呈正相关关系。扬布莱德与邓恩（Youngblade & Dunn，1995）的纵向研究发现在控制了句子长度平均值后，幼儿假装游戏（角色设定维度）与错误信念理解测试分数之间相关显著。该研究表明，假装游戏活动中的情感状态谈论对促进儿童心理理论发展起着重要作用。

第三章第二节曾谈到，关于假装是否属于心理理论的成分存在一些争议。但从诸多研究的结果来看，儿童在假装游戏活动中，可能涉及对事物的表征能力、元表征能力以及心理状态谈论，这些因素都与抽象的心理状态理解密不可分。莱斯利（Leslie，1987）认为，客体替代（如把木棍假装为一把枪）、假装属性归因（如假装一个人是瘸子）和虚构客体（如假装杯子里有水）是三种基本的假装形式。儿童在 2 岁左右出现假装游戏，表明他们同时可以表征现实情境和假装情境，这是元表征能力出现的标志。假装游戏对儿童的认知发展、问题解决以及社会交往能力的提高有重要的促进作用，同时也有助于儿童进入学校学习基本的科学知识和学术能力（academic ability）发展。莱斯利甚至认为，假装就是儿童心理理论发展的起源。游戏活动中的心理状态谈论和其他谈话，则可能更直接地促进儿童思考他人的愿望、意图和信念等抽象的心理状态。所以，儿童与同伴、兄弟姐妹甚至包括成人之间的各种假装游戏活动，为元表征能力发展和心理理论发展提供了近乎真实的社会性情境。

第四节　心理状态术语的使用对儿童心理理论发展的影响

从以上几节分析可见，心理状态术语的使用是家庭微系统促进儿童心理理论发展的核心因素。西蒙斯（Symons，2004）认为，心理状态谈论（mental state discourse）是促进儿童心理理论发展的重要因素，并以维果茨基的社会—认知理论来解释心理状态谈论的作用。在一定的文化环境下，儿童在与他人进行的交谈中，可以把他人对心理状态的理解内化为自己的理解。在心理状态谈论中，儿童逐渐理解自我和他人都是具有心理特征的人。实证研究也发现，母婴早期互动交往中，母亲心理状态术语的使用能够促进儿童后期心理理解能力的发展（Ereky-Stevens，2008）。儿童在2—4岁期间，母亲心理状态术语的使用可以预测儿童心理理论能力发展水平（Ruffman，Slade，& Crowe，2002）。梅因斯等人（Meins，et al，2003）采用纵向研究策略考察了母亲使用心理状态术语的结构效度，以及它对儿童心理理论能力的预测效度。结果发现，婴儿6个月时母亲使用的心理状态术语量能独立预测儿童48个月时母亲使用的心理状态术语量和儿童45个月时的心理理论水平，母亲使用的恰当的心理状态术语数与儿童后期心理理解能力具有直接的联系。由此可见，母亲心理状态术语的使用是母亲与儿童交流中一个稳定的特点。国内研究者通过观察母子游戏过程，考察了亲子间心理状态术语、非心理状态术语使用与3—5岁儿童心理理论的关系。同样发现母亲心理状态术语使用、儿童心理状态术语使用与儿童心理理论能力存在显著相关（桑标、李燕燕，2006）。然而，陆慧菁、苏彦捷和王淇（Lu，Su & Wang，2008）发现，儿童的心理状态谈论并不能影响其心理理论发展，但简单地提及他人能促进心理理论发展。上述研究的不同，体现了文化和语言情境的差异。中国父母和儿童虽然不像西方文化下的父母儿童那样常常公开的谈论自我的心理感受，但中国父母和儿童社会交往的交谈，也涉及自我与他人观点的不同，对自我和他人差异的理解也会促进儿童的社会认知发展。

关于心理状态术语的使用促进儿童心理理论发展的机制，目前存在三种解释。第一种解释提出，这种作用归功于特定心理状态术语词汇（Brown，Donelan-McCall & Dunn，1996；Cheung，Chen & Yeung，2009）。母亲在与儿童交谈中使用到的心理状态术语能引起儿童对心理过程的注意，由此帮助儿童发展对心理状态的认识和理解能力。第二种解释认为，这种作用归功于语法。心理动词加上补语的句子结构能促进儿童对错误信念的理解（de Villiers & Pyers，2000）。第三种解释认为，这种作用归功于语用（de Rosnay，Pons，Harris & Morrell，2004）。例如，当母亲说“小明认为那是一条狗”这句话时，想要表达某人（“小明”）对某个事件（“那是一条狗”）的特定看法。使用这种心理状态术语有助于人们阐释某人特定的心理状态，或对于一个给定事件的个人观点，以及各自拥有着不同的看法（Harris，Rosnay & Pons，2005）。对于以上三种解释，各有不同的证据支持，心理状态术语的使用对儿童心理理论发展影响的机制还有待进一步探究。

通过上述探讨可见，家庭微系统对儿童心理理论发展的影响机制可假设为：家庭基本环境子系统中的家庭社会经济地位通过父母与儿童互动子系统进而影响儿童心理理论发展，兄弟姐妹数量通过兄弟姐妹与儿童互动子系统进而影响儿童心理理论。父母与儿童互动子系统中依恋类型、父母教养方式、母亲情绪表达和亲子游戏，兄弟姐妹与儿童互动子系统中合作冲突的交往、假装游戏均通过或部分通过心理状态术语的使用进而影响儿童心理理论的发展。

第七章

家庭和学校环境因素与心理理论关系的实证研究

第一节　家庭环境因素与心理理论发展

一　问题提出

心理理论的发展主要受到哪些因素的影响，它的发展机制如何，是研究者非常关注的问题。休斯、贾菲和哈佩等人（Hughes，Jaffee，Happe，2005）研究表明，5岁幼儿心理理论能力的差异，绝大部分可以由环境因素所解释。布朗芬布伦纳（Bronfenbrenner，1979）的生态系统论认为，个体置身于相互影响的层层环境系统之中，这些系统由内到外依次分为微系统、中间系统、外层系统、宏系统和历时系统。个体的成长会与这些系统相互作用，并受到它们的影响。学龄前期幼儿由于年龄和身体发展的限制，他们受到外界环境的影响主要来自家庭。家庭微系统中的客观指标，如家庭人数、家庭社会经济地位，能给幼儿带来一个独特的成长环境。家庭微系统中的主观指标，如亲子互动时长、依恋类型、父母教养方式和亲子语言交流特点，能给幼儿提供一个独特的亲子互动环境。本研究尝试结合众多家庭微系统中的核心变量，从全局的角度来考察家庭微系统对中国儿童的心理理论发展的影响。

家庭人数是家庭环境因素的一个客观指标。国外众多研究者关注该因素对儿童心理理论发展产生的影响。佩尔奈、鲁夫曼和李克姆（Perner，Ruffman & Leekam，1994）发现，幼儿拥有的兄弟姐妹越多，其心理理论测试成绩越好。鲁夫曼等人（Ruffman，Perner，Naito，Parkin，1998）及卡西迪、法恩博格等人（Cassidy，Fineberg，Brown，Perkins，2005）进一步研究发现，只有那些拥有年长兄弟姐妹的儿童，心理理论发展才会受益于兄弟姐妹的影响。麦卡利斯特和彼得森（McAlister & Peterson，2007）认为，年长的兄弟姐妹在与幼儿的谈话交流中能带来更多的新知识和新想法。同辈的兄弟姐妹之间年龄差别不大，能够产生更多的语言交流，双方会表达自己的情绪、愿望和信念。在交流过程中，儿童逐步准确理解他人的心理状态，因此，可能是这类互动交流有效地促进了儿童心理理论发展。

家庭人数本身也许不是影响儿童心理理论发展的关键的直接的因素，从本质上来说，家庭人员越多，互动和语言交流的机会可能便会越多。现在中国城市家庭与国外不同，由于计划生育政策的实施，我国城市儿童大多为独生子女，他们也没有与兄弟姐妹互动交流的机会。我国城市儿童的家庭结构也存在差异，有的家庭只有父母和子女，而有的家庭有第三代长辈同住。不同的家庭结构，儿童交往的对象和交往的质量也存在差异，这可能对独生子女儿童的心理理论发展带来一定的影响。

前面提到，依恋是家庭环境中的重要因素，是指婴儿和抚养者之间形成的亲密、持久的情绪联结。婴儿的气质类型、抚养者对婴儿的敏感性和养育质量都会影响依恋。安泰和汤普森（Ontai & Thompson，2002）的研究表明，在幼儿 3 岁时，其依恋类型并不能显著预测情绪理解能力，但当他们 5 岁时，安全型依恋的儿童表现出更高的情绪理解能力。

关于父母教养方式对心理理论发展的影响，研究结果不尽一致。国内学者李燕燕和桑标（2006）通过观察法考察了 3—5 岁幼儿的母亲教养方式与心理理论的关系。通过母子互动游戏过程，观察母亲的语言和行为。结果发现，母亲情感温暖理解的教养方式与儿童心理理论测试成绩显著相关。母亲严厉惩罚的教养方式与儿童心理理论测试成绩呈显著正相关，但控制了年龄后，它们之间的相关变得不再显著。研究者对此的解释是，母亲在严厉惩罚幼儿时，产生了母子冲突情景，在此情境中，母亲和幼儿的行为或想法未能达成一致，从而会引发母亲与孩子的言语交流，阐述双方的想法和信念，表达自己的愿望和情绪。在这个过程中幼儿能感受到自己与他人的行为和想法是不一致的，从母亲的解释和阐述中逐步理解他人的心理状态，进而提高其心理理论水平。梅因斯、费尼霍和拉塞尔（Meins，Fernyhough & Russell，2001）发现韩裔美国母亲更倾向于采用专制型教养方式，而英裔美国母亲更倾向于采用权威型教养方式。然而英裔美国儿童的心理理论任务成绩却低于同龄韩裔美国儿童。英裔美国儿童的心理理解能力与母亲采用的专制型教养方式之间存在负相关关系。并未发现母亲采用权威型教养方式对儿童心理理解能力有特别的影响。这一结果表明，在不同的文化背景下，同一类型的教养方式对儿童心理理解能力的影响可能并不相同。采用专制型教养方式的韩裔美国母亲，一方面对孩子的要求过于严格，标准过高，另一方面，她们在与孩子互动交流时可能并不是如传统定义的专制型教养方式，而只是简单粗暴的教育，并缺少详细阐述和共同讨论。也许韩裔美国母亲对孩子的高标准、严要求会引发更多的亲子冲突。在冲突情境下，母亲和孩子之间会产生更多的交流，分享各自的心理感受和想法。

本研究考察我国城市儿童心理理论能力（愿望理解能力，信念理解能力，情绪识别能力和情绪理解能力）与家庭结构、家庭人数、亲子互动时间、依恋和教养方式等变量间的关系。

二　研究方法

（一）被试者

本研究选取华师附属幼儿园小班、中班、大班共40名儿童及其家长参与本实验。男孩21名，女孩19名。年龄范围在39个月至73个月之间，平均月龄为55.05个月，标准差为10.45个月。其中3岁组幼儿共13名，男孩6名，女孩7名（年龄范围：39—47个月，平均数=43.46个月，标准差=2.96个月）。4岁组幼儿共12名，男孩8名，女孩4名（年龄范围：48—58个月，平均数=53.25个月，标准差=3.65个月）。5岁组幼儿共15名，男孩7名，女孩8名（年龄范围：60—73个月，平均数=66.53个月，标准差=4.17个月）。据老师报告，幼儿被试者均身体健康，发展正常。

（二）心理理论测试

1. 愿望理解能力测试

愿望理解能力属于心理理论能力之一。采用临床访谈法进行测试。对每个被试者进行单独测试。测试在幼儿睡眠室内进行。主试和被试者相邻而坐，主试在讲故事的过程中，还同时呈现人物图片、实验小道具等材料。愿望理解任务根据威尔曼和沃利（Wellman & Wolley，1990）的实验范式改编，共包含三个故事。

故事一：这是小红（主试呈现一幅彩色小图片，上面画有一位4岁左右的小女孩）。小红很喜欢吃糖。她记得妈妈把糖放在红盒子里。所以她现在去红盒子里找糖吃（主试拿起一个红色盒子，并当着幼儿被试者的面，打开红盒子）。耶，这里果然有一颗糖耶（主试打开红盒子后，倒出里面的那颗糖）。然后主试对被试者进行提问。问题1（情绪预测问题）："你说现在小红是什么感受呀？高兴还是难过呢？"（正确答案：高兴）问题2（行为预测问题）："小红还会去别的地方找糖吃吗？"（正确答案：不会）

故事二："这是小刚（主试呈现一幅彩色小图片，上面画有一位4岁左右的小男孩）。小刚很喜欢吃薯片，所以他打开薯片盒子找薯片吃（主试当着被试者的面，打开'乐事'薯片盒子。盒子的外包装画着清晰诱人的薯片图案。打开薯片盒子后，里面却是一颗药丸，主试拿出这颗药丸）。咦？竟然是一颗药丸耶，里面没有薯片。"然后主试开始提问。问题3（情绪预测问题）："你说现在小刚是什么感受呀？高兴还是难过呢？"（正确答案：难过）问题4（行为预测问题）："小刚还会去别的地方找薯片吃吗？"（正确答案：会）

故事三："这是小刚（主试呈现一张画有4岁左右小男孩的彩色小图片）。小刚现在想画画了，所以到笔袋里找铅笔。（主试打开笔袋的拉链，却发现笔袋是空的，没有铅笔。）咦？竟然是空的，里面没有铅笔耶。"然后主试开始提问。问题5（情绪预测问题）："你说现在小刚是什么感受呀？高兴还是难过呢？"（正确答案：难过）问题6（行为预测问题）："小刚还会去别的地方找铅笔吗？"（正确答案：会）测试结束后，给每个幼儿发一张卡通小贴纸作为奖励。幼儿被试者正确回答1个问题得1分，愿望理解任务总分的范围为0—6分。

2. 信念理解能力测试

信念理解能力测试包含位置改变任务和意外内容任务两种。测验方式采用临床访谈法进行。位置改变任务配有3幅故事图片。实验者边呈现图片边讲故事，以帮助幼儿更好地理解故事。

位置改变测试任务故事如下："这是小强，这是小红，他们俩都在教室里玩。小红把皮球放到篮子里，然后跑出去了。小强偷偷地把皮球从篮子里移到盒子里，然后也出去了。过了一会儿，小红从外面回来了。”记忆控制问题：“小红刚开始把皮球放在哪里了?”（若被试者无法做出回答，则将问题进一步简化为：“篮子里还是盒子里呢”）事实检测问题：“皮球现在实际上在哪里呢?”上述两个问题正确回答后，则再依次问下面的问题。若不能正确回答，则重复讲述该故事，直至幼儿能正确回答。

问题1（错误信念问题）：“小红认为皮球在哪里呀?”【正确答案：篮子里】

问题2（行为预测问题）：“小红回来后首先会去哪里找皮球呢?”【正确答案：篮子里】记忆控制问题和事实检测问题不计分。信念问题和行为预测问题均0/1计分，正确回答记1分，错误回答记0分。此任务的得分范围为0—2分。

意外内容测试任务使用的实验材料是一个装有铅笔的饼干盒子。饼干盒子的外包装上有清晰醒目的饼干图片。测试过程如下：给幼儿呈现一个饼干盒子，说：“你看这个盒子。你觉得里面装的是什么呀?”被试者回答：“饼干。”【如果被试者不予回答，则加以提示】然后实验者说：“好，现在我们打开看看”。打开后发现里面装的是铅笔。主试表现出惊讶的表情，并说：“咦，是铅笔啊，不是饼干。”然后盖上盒盖，并向幼儿提问。

问题1（表征转换问题）：“在打开盒子之前，你觉得盒子里放的是什么呀?”【正确答案：饼干】

问题2（他人错误信念问题）：“如果你们班上的XXX（被试者熟悉的某个儿童名字）从来没有打开过这个盒子，如果我给他/她看这个盖着的盒子，他/她会觉得里面放的是什么呢?”【正确答案：饼干】两个问题均0/1计分。意外内容测试任务的得分范围为0—2分。

3. 情绪识别能力测试

根据内尔森（Nelson，1987）的实验范式改编。实验材料是四张小女孩的典型情绪表情头像，情绪类型分别包括笑、哭、生气和吃惊。测试时，主试从四张情绪图片里随机挑出一张，问被试者：“这个小朋友怎么了啊?”若被试者不予回答，则将问题进一步简化为：“她是在笑呢？还是哭？还是生气？还是吃惊呢?”四张图片的呈现顺序随机。正确识别每种表情得1分，该任务得分范围在0—4分。

4. 情绪理解能力测试

根据哈里斯等人（Harris，Johnson，Hutton，et al.，1989）的实验范式改编，考察幼儿能否基于故事主人公的愿望和信念正确理解他人的情绪。该任务的实验材料包括绘有男孩和女孩形象的彩色图片，一个装有塑料玩具小虫的蓝色盒子，一个彩色盒子和一颗糖。故事如下：莎莎手里有一颗糖，她想放在蓝盒子里（实验者打开蓝盒子，但打开后发现里面有一只虫子）。实验者说："哦，天哪！怎么有虫子啊?!"莎莎很害怕虫子，她立刻关上了蓝盒子，把糖放入彩色盒子里（实验者边讲故事边关上蓝盒子，把糖放入彩色盒子里，并确保儿童看到糖放进了彩色盒子里）。然后莎莎出去玩了。询问被试者的第一个控制性问题：糖果现在在哪里啊?【若被试者无法回答，则将问题进一步简化为：彩色盒子里还是蓝盒子里呢?】过了一会儿，调皮的雷雷出现了，他偷偷地把糖放进蓝盒子里，把虫子放入彩色盒子里（实验者一边说一边调换盒子里的东西）。然后莎莎回来了。询问被试者的第二个控制性问题：糖果现在在哪里呢？若被试者无法正确回答上述两个控制性问题，则主试重复给幼儿讲该故事，直到回答正确为止。这两个控制问题不计分。然后逐一问幼儿下面的问题。

问题1（基于信念的情绪理解问题）：莎莎回来后，看着蓝盒子，在没打开之前，她心里是什么感觉啊？高兴还是不高兴呢?

问题2（基于信念的情绪理解问题）：莎莎回来后，看着彩色盒子，在没打开之前，她心里什么感觉呢？高兴还是不高兴呢?

问题3（基于愿望的情绪理解问题）：当莎莎打开彩色盒子后，看到了虫子，她心里是什么感觉啊？上述三个问题均0/1计分，此任务的得分范围为0—3分。测验结束后，发给幼儿被试者每人一张小贴纸作为奖励。

（三）家庭环境测量

1. 家庭结构测量

通过问卷法测量。测试条目有两个：①孩子是否是独生子女：是（ ）否（ ），孩子的兄弟姐妹个数（ ）。②和小孩一起居住的家庭成员：A. 妈妈；B. 爸爸；C. 爷爷（或外公）；D. 奶奶（或外婆）；E. 兄弟姐妹；F. 其他。40名被试者均为独生子女儿童。因此将被试者的家庭结构分为两类：核心家庭类（三口之家，和小孩一起居住的家庭成员只有爸爸、妈妈）；大家庭类（和小孩一起居住的家庭成员除爸爸、妈妈外，还有其他人）。

2. 亲子互动时间

包含4个条目：（1）周一到周五期间，父亲与孩子每天一起交谈或游戏的时间。可选项包括：A. 1小时以下；B. 1—2小时；C. 2—3小时；D. 3小时以上。（2）周末，父亲与孩子每天一起交谈或游戏的时间。可选项包括：A. 1小时以下；B. 1—3小时；C. 3—5小时；D. 5小时以上。（3）周一到周五期间，母亲与孩子每天一起交谈或游戏的时间。可选项包括：A. 1小时以下；B. 1—2小时；C. 2—3小时；D. 3小时以上。（4）周末，母亲与孩子每天一起交谈或游戏的时间。可选项包括：A. 1小时以下；B. 1—3小时；C. 3—5小时；D. 5小时以上。

3. 家庭教养方式

采用岳冬梅等人修订的父母教养方式问卷（EMBU）进行测量。在施测中，采用父亲版教养方式问卷和母亲版教养方式问卷分别对父亲和母亲的教养方式进行测量。由于幼儿被试者均为独生子女，因此问卷中我们删去“偏爱被试者”这一维度，并且该维度所包含的题目也相应删除。最终，父亲教养方式问卷包含58个题目，分为五个维度：关心理解、情感温暖；惩罚、严厉；过分干涉；拒绝、否认；过度保护。母亲教养方式问卷包含57个题目，分为四个维度：关心理解、情感温暖；过分干涉、过度保护；拒绝、否认；惩罚、严厉。

4. 依恋

采用Q分类法对依恋进行测试。由实验者对母亲逐一进行单独测试。该测试在幼儿家中进行。儿童行为分类卡片（中文版）及中国理想儿童依恋安全性指标（吴放、邹泓，1994）均由北京师范大学心理学院邹泓老师提供。儿童依恋行为分类卡片（Q-set）适用于测量2—6岁幼儿与其母亲的依恋关系。儿童依恋行为分类卡片共90个条目，描述的均是儿童的日常行为。要求母亲根据日常观察到的儿童真实行为，将这90张卡片按照与孩子行为的相似性程度均匀地分成九组。归在第一组的卡片均是儿童最不典型的行为（最不像儿童），其次不典型的行为归入第二组，再其次的归入第三组……归在第九组的卡片均是儿童最典型的行为（最像儿童），其次典型的行为归入第八组，再次典型的归入第七组。最终将90

张卡片均匀地分入九组，每组均 10 张卡片。属于第几组内的卡片，所得分数即为几分（例如第 5 组的十张卡片，每个条目得分均为 5 分），最终 90 个条目形成 1—9 的 90 个分数。将每个幼儿被试者的 90 个分数（原始分数）与理想的安全型中国儿童的 90 个分数做皮尔逊相关分析，形成的简单相关系数即为该幼儿被试者的依恋分数。依恋分数范围在 -1 至 +1 之间，分数越高，说明该儿童与母亲的依恋关系越具有安全感。

（四）研究程序

首先在幼儿园园长和班主任的协助下，给园内儿童发放知情同意书，介绍本研究的目的和过程。征求家长意见，要求填写是否接受实验者前往家中进行观察实验。若同意则填写家庭住址和家长联系方式，并选择可接受的入家观察时间段。若不同意也需写明原因。一周内回收知情同意书。知情同意书的回收率为 85%，最终有 40 名幼儿及其家长参与本研究。

在幼儿园内对 40 名幼儿被试者的心理理论能力和语言能力进行测验，包括语言能力、愿望理解能力、情绪识别能力、情绪理解能力和信念理解能力。测量结束后，在班主任的协助下给每位幼儿被试者一个信封，并嘱咐幼儿将信封带给家长。信封内包含家庭教养方式问卷（父亲版和母亲版），家庭基本信息问卷和依恋 Q 分类测试的 90 个条目。并附有一张纸条用以指导父母如何完成测试。要求父亲和母亲分别完成各自的问卷，并保存完好，待实验者到家中进行观察研究时再收回。还要求母亲熟悉依恋测试的 90 个条目内容，以便到家中测试依恋时能又快又准地完成任务。

按照知情同意书上家长填写的联系方式，逐一电话联系被试者家长。简短清晰地向他们说明在家中进行研究所需的总时间和研究程序。和他们预约好去家中进行实验的具体时间和准确地点。在入家实验的前一天晚上，给被试者家长发一条短信加以提示。

在约好的时间段内，有两名实验者去幼儿家里进行观察研究。一名实验者负责组织指导研究的进行，另一名研究者负责录像拍摄。入家后，首先对母亲进行简短的半结构化访谈。询问家长亲子互动的一般情况（如和儿童共同游戏的频率如何？每次游戏多长时间？一般和儿童进行何种游戏？），这一步骤约需要 5 分钟。最后在实验者的指导下，让母亲完成依恋测试，即要求母亲对 90 张描述孩子特点的依恋卡片按照相似性程度进行分类（15—20 分钟）。实验结束后，对幼儿及其家长表示感谢，赠送他们一本图画故事书，并回收问卷和信封。

三 结果和分析

（一）心理理论成绩

表 7.1 为不同年龄段幼儿的心理理论测试成绩。

表 7.1 不同年龄段幼儿在心理理论任务上的表现

年龄段	心理理论任务	人数	平均数	标准差
3 岁组	愿望理解任务	13	3.92	1.320
	信念理解任务		1.00	1.155
	情绪识别任务		2.46	0.877
	情绪理解任务		1.62	0.506
4 岁组	愿望理解任务	12	5.17	1.115
	信念理解任务		2.83	1.267
	情绪识别任务		3.92	0.289
	情绪理解任务		2.17	0.835
5 岁组	愿望理解任务	15	5.13	1.125
	信念理解任务		3.47	0.640
	情绪识别任务		3.40	0.828
	情绪理解任务		2.53	0.640

儿童在愿望理解能力和情绪识别能力上发展较早，在本研究中，4 岁组幼儿在这两个任务上已接近满分。3 岁组与 4 岁组在情绪理解能力测试成绩上没有显著性差异，4 岁组和 5 岁组的情绪理解测试成绩也不存在显著差异。而儿童信念理解能力在 3—5 岁阶段逐渐稳步发展。在下述结果呈现中，我们主要分析儿童信念理解能力与家庭环境中的各变量之间的关系。

（二）家庭结构与幼儿信念理解能力的关系分析

将家庭人数为 3 个的幼儿定义为来自“核心家庭”的被试者，将家庭人数大于 3 的幼儿定义为来自“大家庭”的被试者。来自两种不同家庭结构的幼儿，其信念理解任务成绩结果如表 7.2。

表 7.2 不同家庭结构儿童的信念理解成绩

家庭结构	人数	平均数	标准差
核心家庭	22	1.662	0.354
大家庭	18	3.06	0.938

对来自两类不同家庭结构儿童的信念理解测试成绩做独立样本 T 检验，结果发现，来自大家庭的儿童的信念理解测试成绩显著高于来自核心家庭的儿童，$t = -2.528$，$p = 0.016$。

亲子互动时间与幼儿信念理解能力的关系分析：

周一到周五期间、周末期间亲子互动时间的基本情况见表 7.3 和表 7.4。

表 7.3 周一到周五期间，亲子互动时间基本情况统计

互动时长分类	母子互动	父子互动
1 小时以下	4（10%）	14（35%）
1—2 小时	19（47.5%）	14（35%）
2—3 小时	10（25%）	8（20%）
3 小时以上	7（17.5%）	4（10%）
总计	40（100%）	40（100%）

表 7.4 周末亲子互动时间基本情况统计

互动时长分类	母子互动	父子互动
1 小时以下	3（7.5%）	7（17.5%）
1—3 小时	7（17.5%）	17（42.5%）
3—5 小时	11（27.5%）	8（20%）
5 小时以上	19（47.5%）	8（20%）
总计	40（100%）	40（100%）

在周一至周五期间，将母子互动时间在 2 小时及其以下的定为低水平母子工作日互动时间，互动时间在 2 小时以上的定为高水平母子工作日互动时间。具有低水平母子工作日互动时间的幼儿被试者有 23 名，高水平

母子工作日互动时间的幼儿被试者有 17 名。对两类被试者的信念理解能力进行独立样本 T 检验，结果表明，低水平母子工作日互动时间的幼儿的信念理解成绩平均值为 2.39，高水平的母子工作日互动时间的幼儿其信念理解成绩平均值为 2.59，二者差异未达到显著性水平（$t=-0.415$，$p=0.680$）。

在周末期间，将母子互动时间在 5 小时及其以下定为低水平母子周末互动时间，互动时间在 5 小时以上定为高水平母子周末互动时间。具有低水平母子周末互动时间的幼儿被试者有 21 名，高水平母子周末互动时间的幼儿被试者有 19 名。对两类被试者的信念理解能力进行独立样本 T 检验。结果显示，低水平母子周末互动时间的幼儿其信念理解成绩平均值为 2.76，高水平的母子周末互动时间的幼儿其信念理解成绩平均值为 2.16，二者差异未达到显著性水平（$t=1.312$，$p=0.197$）。

在周一至周五期间，将父子互动时间在 1 小时及其以下的定为低水平父子工作日互动时间，互动时间在 1 小时以上的定为高水平父子工作日互动时间。具有低水平父子工作日互动时间的幼儿被试者有 14 名，高水平父子工作日互动时间的幼儿被试者有 26 名。对两类被试者的信念理解能力进行独立样本 T 检验，结果显示，低水平父子工作日互动时间的幼儿的信念理解成绩平均值为 2.43，高水平的父子工作日互动时间的幼儿其信念理解成绩平均值为 2.50，二者差异未达到显著性水平（$t=-0.145$，$p=0.885$）。

在周末期间，将父子互动时间在 3 小时及其以下的定为低水平父子周末互动时间，互动时间在 3 小时以上的定为高水平父子周末互动时间。具有低水平父子周末互动时间的幼儿被试者有 24 名，高水平父子周末互动时间的幼儿被试者有 16 名。对两类被试者的信念理解能力进行独立样本 T 检验。结果显示，低水平父子周末互动时间的幼儿其信念理解成绩平均值为 2.33，高水平的父子周末互动时间的幼儿其信念理解成绩平均值为 2.69，二者差异未达到显著性水平（$t=-0.744$，$p=0.462$）。

综合上述结果，可见亲子互动时间与幼儿信念理解能力并无显著相关。

（三）依恋与幼儿信念理解能力的关系分析

对 3 岁、4 岁和 5 岁组幼儿的依恋分数做单因素方差分析，考察不同年龄段的幼儿的依恋分数是否存在差异。结果表明，不同年龄段幼儿的依恋分数不存在显著差异结果显示，$F=1.201$，$p=0.31$。将幼儿的依恋分数与信念理解测试成绩做皮尔逊积差相关分析，结果显示，幼儿依恋分数与信念理解成绩之间相关不显著，$r=0.281$，$p=0.079$。

（四）父母教养方式与幼儿信念理解能力的关系分析

母亲教养方式问卷包含4个分量表，测量了四个维度：关心理解、情感温暖维度；过分干涉、过分保护维度、拒绝、否认维度；惩罚、严厉维度。父亲教养方式问卷包含5个分量表，测量了五个维度：关心理解、情感温暖维度；惩罚、严厉维度；过分干涉维度；拒绝、否认维度；过度保护维度。

将信念理解测试成绩与父母教养方式各维度得分进行偏相关分析（控制年龄），结果发现，母亲教养方式各个维度中，关心理解、情感温暖维度与信念理解测试分数之间偏相关系数$r=0.102$；过分干涉和保护维度与信念理解分数偏相关系数$r=-0.111$；拒绝否认维度与信念理解分数的偏相关系数为$r=-0.389$；惩罚严厉维度与信念理解分数的偏相关系数$r=-0.185$。

父亲教养方式的各个维度中，关心理解和情感温暖维度与信念理解测试分数的偏相关系数$r=0.266$；惩罚严厉维度与信念理解测试分数的偏相关系数$r=-0.143$；过分干涉维度与信念理解测试分数的偏相关系数$r=-0.086$；拒绝否认维度与信念理解测试分数的相关系数$r=-0.219$；过度保护维度与信念理解分数的偏相关系数$r=-0.242$。

父母教养方式各维度中，只有母亲拒绝、否认维度与幼儿信念理解成绩呈显著负相关，其余各维度与信念理解成绩之间的相关未达到显著性水平。

四　讨论

（一）家庭结构、亲子互动时间与幼儿信念理解能力的关系

结果表明，来自“大家庭”的幼儿其信念理解任务成绩显著高于来自“核心家庭”的幼儿。这与实验假设一致，即家庭人数越多，幼儿的心理理论能力发展越好。大家庭的孩子除了与父母的互动交流外，还有与爷爷奶奶（或外公外婆）的接触。他们能面对更多的人，有更多的机会

感受不同个体心理状态的表现和表达。家庭成员之间关于愿望、信念和情绪的心理状态谈话促使幼儿关注他人的心理状态。

本研究还考察了父母互动时间与幼儿信念理解能力之间的关系。结果表明，在周一至周五期间，母子互动交流时间大多集中在1—3小时之间（占72.5%），父子互动时间集中在2小时以下（占70%）。周末亲子互动时间明显增加，母子互动时间集中于3小时以上（占75%），父子互动时间集中于1—5小时（占62.5%）。不论在平时工作日还是周末，母亲与孩子的互动时间都多于父子之间的互动时间。但统计结果显示，亲子互动时间对孩子信念理解能力并没有产生显著的影响。究其原因，可能在于父母与孩子一般的互动交流（如一起跑、跳、打球）并不包含关于人物心理状态的谈论。这类互动只是一般性质的亲子共处，缺乏语言上的深层次交流，不能有效引起孩子对心理状态的关注，更不能促进他们对心理状态的理解和把握。由此可见，亲子互动对幼儿心理理论的影响，并不在于亲子互动时间的长短，而在于亲子互动质量的高低。

（二）依恋与信念理解能力的关系

依恋分数与幼儿信念理解成绩的相关未达到显著性水平。虽然母子关系并非亲密无间，但孩子在与母亲的对话交流中能关注到他人的心理状态，能在母亲不断的引导下正确理解他人的心理活动，同样能促进幼儿心理理论的发展。即使属于安全型依恋的幼儿，如果母子间的互动仅仅限于身体上的接触和行为上的互动，而缺乏对话交流，或者母子在互动对话中多停留在简单描述，可能也不利于儿童心理理论的发展。即使母子早期建立起的依恋类型属于不安全型依恋，但如果母亲在后期能增加与孩子的互动交流，有效指引孩子去关注和思考自己及他人的心理状态，增加使用心理状态术语的频率，也将能促进孩子心理理论能力更好地发展。

（三）教养方式与信念理解能力的关系

不同的父母教养方式与儿童的信念理解能力之间也有一定的联系。在关于父母对儿童的关心理解、情感温暖维度测量中，得分越高，说明父母对儿童有更多的关心、关爱和支持。但是，父母在与儿童进行对话交流时，如果很少涉及关于心理状态的交流，可能也不利于儿童的心理理论发展。在本研究中，通过问卷法测得的教养方式反映的是父母养育孩子时所持的态度和采取的一贯行为反应，可能较少反映出父母养育孩子时采用的真实互动方式和教育策略。未来的研究可以通过访谈法或观察法，考察父母在具体的情境下是如何教育孩子的，从影响机制上考察教养方式与心理理论发展的关系。

母亲对儿童的拒绝否认教养方式同儿童的信念理解成绩呈显著负相关关系。我们认为，拒绝、否认维度上得分较高的母亲对孩子的态度是负性的，在行为上会经常拒绝孩子，忽视孩子的需要。在这种教养方式下成长的孩子，缺乏与母亲的沟通和交流，母子之间的心理状态谈论较少，母亲也不善于使用心理状态术语，这对儿童的心理理论发展可能带来负面的影响。

第二节　家庭社会经济地位、心理状态术语与心理理论

一　问题的提出

本研究考察家庭环境中的家庭社会经济地位、心理状态术语等因素对儿童心理理论发展的影响。共有40名3—5岁幼儿及其家长完成了所有实验。

通过问卷法获得家庭社会经济地位的资料，主要包含父母受教育水平、父母职业阶层和父母月收入水平指标。母亲心理状态术语使用包括愿望术语使用、认知术语使用和情绪术语使用。为保证实验具有较高的生态学效度，即实验更符合实际，我们采用观察法进行研究。选取母子共同阅读有字图画故事书、母子共同阅读无字图画故事书和母子共同游戏等三个生活中常见的母子互动情境，进行观察，以获取心理状态术语使用资料。征得家长同意后，对整个游戏互动过程进行录像。后期研究中，将游戏过程中母亲所说的话转录成文字稿，按照一定的标准，编码出每个情境任务中母亲使用的愿望术语数、认知术语数和情绪术语数。同时，本研究还通过临床访谈法测量了幼儿的一般语言能力。

根据上述研究问题，可形成以下研究假设。

假设1：母亲心理状态术语使用是一种稳定的语言特点。

母亲在三种不同互动情境中（即母子共同阅读有字故事书、母子共同阅读无字故事书和母子共同玩厨房游戏）使用的愿望术语数、认知术

语数、情绪术语数显著相关。

假设 2：母亲在三种互动情境中分别使用的愿望术语数与幼儿愿望理解能力显著正相关。母亲在三种不同互动情境中分别使用的认知术语数与幼儿信念理解能力显著正相关。母亲在三种不同互动情境中分别使用的情绪术语数与幼儿情绪识别能力、情绪理解能力显著正相关。

假设 3：家庭社会经济地位通过母亲心理状态术语使用这一中介变量进而影响幼儿心理理论能力。

二　研究方法

（一）被试者

本研究选取华中师范大学附属幼儿园小班、中班、大班共 40 名儿童及其家长参与实验。男孩共 21 名，女孩共 19 名。年龄范围在 39 个月至 73 个月，平均月龄为 55.05 个月，标准差为 10.45 个月。其中 3 岁组幼儿共 13 名，男孩 6 名，女孩 7 名（年龄范围：39—47 个月，平均数 = 43.46 个月，标准差 = 2.96 个月）。4 岁组幼儿共 12 名，男孩 8 名，女孩 4 名（年龄范围：48—58 个月，平均数 = 53.25 个月，标准差 = 3.65 个月）。5 岁组幼儿共 15 名，男孩 7 名，女孩 8 名（年龄范围：60—73 个月，平均数 = 66.53 个月，标准差 = 4.17 个月）。

（二）实验材料与测量方法

1. 一般语言能力测量

使用皮博迪图画词汇测验（PPVT-R）中文修订版测量幼儿接受性语言能力。通过临床访谈法的方式，由实验者对幼儿逐一进行单独测试。给幼儿呈现四幅图片，让幼儿指出与实验者所说词汇相对应的图片。3.5 岁幼儿从第 1 题开始，4 岁幼儿从第 10 题开始，4.5 岁幼儿从第 15 题开始，5 岁幼儿从第 20 题开始，5.5 岁幼儿从第 30 题开始。当幼儿在连续 8 题中出现 6 次错误，则停止测试。每个词汇的反应时间最多不得超过 30 秒。最终幼儿回答正确的题数即为所得分数。整个语言测试在幼儿睡眠室内进行。测试结束后，给每位幼儿被试者赠送小礼物作为奖励。

2. 心理理论能力测量

（1）愿望理解能力测量

实验材料、内容和程序同研究一。

（2）信念理解能力测量

同研究一。

（3）情绪识别能力测量

同研究一。

（4）情绪理解能力测量

同研究一。

3. 家庭环境因素测量

（1）家庭社会经济地位

问卷包含6个条目：

1）父亲文化程度：A. 初中；B. 高中（含中专、技校、职高）；C. 专科（含函大、成教、自考）；D. 本科；E. 硕士；F. 博士。

2）父亲职业：A. 公司职员；B. 教师（①幼儿园；②中小学；③大学）；C. 医生或护士（①医生；②护士）；D. 律师；E. 行政人员；F. 军人；G. 商人；H. 农民；I. 未就业；J. 其他（　）。

3）父亲月总收入：A. 500元以下；B. 500—1000元；C. 1001—2000元；D. 2001—3500元；E. 3501—5000元；F. 5000元以上。

4）母亲文化程度：A. 初中；B. 高中（含中专、技校、职高）；C. 专科（含函大、成教、自考）；D. 本科；E. 硕士；F. 博士。

5）母亲职业：A. 公司职员；B. 教师（①幼儿园；②中小学；③大学）；C. 医生或护士（①医生；②护士）；D. 律师；E. 行政人员；F. 军人；G. 商人；H. 农民；I. 未就业；J. 其他（　）。

6）母亲月总收入：A. 500元以下；B. 500—1000元；C. 1001—2000元；D. 2001—3500元；E. 3501—5000元；F. 5000元以上。

对父母受教育程度、职业和收入水平分别进行编码，转化为相应的等级并赋值。最终将这六个条目所赋的值相加，即是每个幼儿被试者的家庭社会经济地位总分。具体赋值方法如下：对于受教育水平，A赋值1分、B赋值2分、C赋值3分、D赋值4分、E赋值5分、F赋值6分。对于职业阶层，赋值方法采用师保国、申继亮（2007）的编码及赋值标准，A赋值3分、B（①）赋值3分、B（②）赋值4分、B（③）赋值5分、C（①）赋值5分、C（②）赋值3分、D赋值4分、E赋值4分、F赋值4分、G赋值2分、H赋值1分、I赋值1分。对于月总收入，A赋值1分、

B 赋值 2 分、C 赋值 3 分、D 赋值 4 分、E 赋值 5 分、F 赋值 6 分。因此家庭社会经济地位得分范围为 6—34 分。

（2）心理状态术语测量

心理状态术语使用是母子互动交流中母亲的一种语言特点。心理状态术语分为愿望术语（如想、要、喜欢），情绪术语（如笑、生气、开心）和认知术语（如认为、觉得、知道）。选取三个母子互动交流的常见情境：母子共同阅读有字故事书《我不想上学》，母子共同阅读无字故事书《狼来了》和母子共同进行厨房玩具游戏来考察母亲心理状态术语使用的情况。

《我不想上学》是一本图画故事书，每幅图片都配有简单的文字。母亲给孩子讲此故事需 6—8 分钟。《狼来了》是一本故事书内的一个故事。它共包含九幅图，每幅图下有一行简短的文字描述。实验者对该故事书做了一定的处理，将图片下面的文字用白纸贴上。让母亲只看着图片给孩子讲故事。母亲讲此故事需 3—4 分钟。厨房玩具是一套包含各种仿真厨房用具的塑料小玩具（含锅、碗、瓢、盆、篓子、砧板、刀、煤气灶、茄子、白萝卜、鸡腿、鸡蛋、香肠、蛋糕、奶油、番茄酱）。母子共同玩厨房玩具需 10—11 分钟。两本故事书和厨房玩具均由实验者提供。

实验顺序如下：首先让母子共同阅读《我不想上学》，而后共同阅读《狼来了》，最后完成厨房游戏。整个互动过程在幼儿家中进行，互动地点选在家长和幼儿经常一起阅读和游戏的地方（大部分被试者家长选择客厅）。实验前告诉被试者家长，我们会对整个互动过程进行录像，录像资料严格保密，实验结束后可将录像资料拷贝给他们作纪念。我们鼓励母亲像平时一样与孩子讲故事、做游戏，真实地和孩子互动，而非故意做出理想的互动行为。同时还告知母亲，本研究的兴趣在于考察所有母子互动的整体情况，而非专注于某对母子。通过强调上述几点，力求母亲能真实自然地与孩子互动交流，保证实验具有较高的生态效度。在研究后期，由研究者对每段任务的录像资料进行转录，即对母亲和孩子在该任务中所说的每一句话逐句转录成文字。最后对文字稿的内容进行编码。按照下述编码标准，编码出每位母亲在每个任务中使用的愿望术语次数、情绪术语次数和认知术语次数。愿望术语、情绪术语和认知术语的编码标准见表7.5。母亲的语言中凡出现表中所示的词语，则记为相应类型的术语一次。母亲重复的话语中出现多次心理状态术语，则该术语只记一次。母亲在口语中包含的心理状态术语不计在内（如妈妈说："莎莎是个内向的小女孩，知道吧。"此处"知道"不记入认知术语类别中）。两位受过训练的发展心理学研究生参与了全部录像的转录和编码。编码的一致性信度较高（一致性信度系数为0.89）。

表7.5 愿望、情绪和认知术语举例

愿望术语					
想	喜欢	要	爱	希望，不肯	羡慕
情绪术语					
哭	伤心	难过	哭哭啼啼	高兴	笑
笑哈哈	笑呵呵	笑嘻嘻	开心	快乐	愉快
眉飞色舞	得意扬扬	怕	害怕	吓	惊吓
呆住	生气	气愤	气冲冲	发飙	发脾气
恼火	着急	紧张	慌慌张张	生闷气	
认知术语					
知道	觉得	感觉	以为	认为	假如
认识	认得	晓得	明白	理解	假装
猜	想	骗	哄	上当	反思
欺骗	捉弄	相信	忘	忘记	发现
记得					

最终针对每位母亲在《我不想上学》、《狼来了》和厨房游戏三个母子互动任务中的语言表现，编码出三个不同任务里母亲分别使用的愿望术语数、情绪术语数和认知术语数。

4. 研究程序

首先在幼儿园园长和班主任的协助下，给园内儿童发放知情同意书，介绍本研究的目的和过程。征求家长意见，问其能否接受去幼儿家中进行观察实验。若同意则填写家庭住址和家长联系方式，并选择可接受的入家观察时间段。若不同意则写明原因。一周内回收知情同意书。有40名幼儿及其家长同意参与本研究。

在幼儿园内，测量幼儿被试者的语言能力、愿望理解能力、信念理解能力、情绪识别能力和情绪理解能力。采用临床访谈法由实验者对幼儿逐一进行测试。整个测试在幼儿睡眠室内进行。在班主任的协助下给每位幼儿被试者一个信封，并嘱咐幼儿将信封带给家长。信封内包含家庭基本信息问卷（用以测量家庭社会经济地位），并附有一张纸条用以指导父母如何完成问卷。要求父亲和母亲分别完成各自的问卷，并保存完好，待实验者到家中进行观察研究时再收回。

按照知情同意书上家长填写的联系方式，逐一电话联系被试家长。简短清晰地向他们说明在家中进行研究所需的时间和研究程序。和他们预约好到家中进行实验的具体时间和准确地点。在入家研究的前一天晚，给被试家长发一条短信加以提示。

在约好的时间段内，有两名实验者去幼儿家里进行观察研究。一名实验者负责组织指导研究的进行，另一名实验者只负责录像拍摄。入家后，首先对母亲进行简短的半结构化访谈。询问家长亲子互动的一般情况（例如，和宝宝共同游戏的频率如何，每次游戏多长时间，一般和宝宝进行何种游戏）。这一步骤约需要5分钟。接着请妈妈和宝宝完成共同阅读故事书任务（像平时一样共同阅读《我不想上学》和《狼来了》两个图画故事）。这两个任务共需要10分钟左右。休息一会儿后，请妈妈和宝宝像平时一样，一起玩一套厨房玩具（10分钟）。实验结束后，对幼儿及其家长表示感谢，赠送他们一本图画故事书。

实验结束后，对拍摄的母子互动交流中母子的对话逐字转录。并按一定的标准，编码出母亲使用的愿望术语数、认知术语数和情绪术语数。分析数据，并撰写每位幼儿的反馈信息。在真实客观地呈现幼儿语言能力，心理理论能力和母子互动特点外，还给父母提供科学的养育建议和具有针对性的养育改进方法，以帮助父母更好地抚养孩子。

最后在班主任的协助下，将反馈信息发给幼儿被试，并嘱咐他们将其带回给家长。告知幼儿园园长和班主任本研究已全部结束，对她们的支持和帮助表示感谢。

本研究使用 SPSS17.0 数据分析软件，通过描述统计分析、相关分析（简单相关和偏相关分析）、方差分析、层级回归分析和中介效应检验这几种方法，对数据进行统计分析。

三 结果与分析

（一）心理理论测量结果

3 岁组、4 岁组和 5 岁组幼儿在愿望理解任务（满分 6 分），信念理解任务（满分 4 分），情绪识别任务（满分 4 分）和情绪理解任务（满分 3 分）上的成绩见研究一。

（二）心理状态术语使用的特点及其与心理理论的关系分析

1. 母亲心理状态术语使用的跨情境一致性分析

表 7.6 是母亲在三个不同任务中使用的愿望术语书的描述统计结果。愿望术语数 1 代表母子在共同阅读有字图画故事书《我不想上学》过程中母亲使用的愿望术语数；愿望术语数 2 代表母子在共同阅读无字图画故事书《狼来了》中母亲使用的愿望术语数；愿望术语数 3 代表母子共同厨房游戏中母亲使用的愿望术语数。

表 7.6 母亲在三个不同任务中使用的愿望术语数的描述统计结果

	人数	最小值	最大值	平均数	标准差
愿望术语数 1	40	5	14	9.73	2.43
愿望术语数 2	40	0	3	0.90	0.81
愿望术语数 3	40	0	6	2.70	1.52

母亲在三种不同的母子互动情境下分别使用的愿望术语次数两两之间的相关系数均达到显著性水平（见表 7.7）。由此可见，母亲在母子互动交流中体现出的愿望术语使用具有跨情境的一致性，即它是一种稳定的语言特点。

表 7.7　母亲在三个不同任务中使用的愿望术语数之间的简单相关系数

	愿望术语数 1	愿望术语数 2	愿望术语数 3
愿望术语数 1	1.00		
愿望术语数 2	0.46**	1.00	
愿望术语数 3	0.50**	0.29+	1.00

注：** $p<0.01$；+ $p<0.07$。

表 7.8 是母亲在三个不同任务中使用的认知术语数。认知术语数 1 代表母子在共同阅读有字图画故事书《我不想上学》过程中母亲使用的认知术语数；认知术语数 2 代表母子在共同阅读无字图画故事书《狼来了》中母亲使用的认知术语数；认知术语数 3 代表母子共同厨房游戏中母亲使用的认知术语数。

表 7.8　母亲在三个不同任务中使用的认知术语数

	人数	最小值	最大值	平均数	标准差
认知术语数 1	40	2	18	8.10	3.96
认知术语数 2	40	2	18	9.40	3.82
认知术语数 3	40	0	12	4.10	3.19

表 7.9 是母亲在三个不同任务中使用的认知术语数之间的简单相关系数。母亲在三种不同互动情境下分别使用的认知术语次数两两之间的相关系数均达到显著性水平。由此可见，母亲在母子互动交流中体现出的认知术语使用具有跨情境的一致性，即它是一种稳定的语言特点。

表 7.9　母亲在三个任务中使用的认知术语数之间的相关系数

	认知术语数 1	认知术语数 2	认知术语数 3
认知术语数 1	1.00		
认知术语数 2	0.59**	1.00	
认知术语数 3	0.44**	0.37*	1.00

注：** $p<0.01$；* $p<0.05$。

表7.10是母亲在三个不同任务中使用的情绪术语数。情绪术语数1代表母子在共同阅读有字图画故事书《我不想上学》过程中母亲使用的情绪术语数；情绪术语数2代表母子在共同阅读无字图画故事书《狼来了》中母亲使用的情绪术语数；情绪术语数3代表母子共同厨房游戏中母亲使用的情绪术语数。

表7.10　　母亲在三个不同任务中使用的情绪术语数

	人数	最小值	最大值	平均数	标准差
情绪术语数1	40	2	17	8.95	4.03
情绪术语数2	40	1	14	6.73	3.06
情绪术语数3	40	0	1	0.23	0.42

表7.11是母亲在三个任务中使用的情绪术语数之间的简单相关系数。相关分析结果表明，母亲在三种不同的母子互动情境下分别使用的情绪术语数，两两之间的相关系数均达到显著性水平。由此可见，母亲在母子互动交流中体现出的情绪术语使用具有跨情境的一致性，即它是一种稳定的语言特点。

表7.11　　母亲在不同任务中使用的情绪术语数之间的相关系数

	情绪术语数1	情绪术语数2	情绪术语数3
情绪术语数1	1.00		
情绪术语数2	0.68**	1.00	
情绪术语数3	0.53**	0.54**	1.00

注：** $p<0.01$；* $p<0.05$。

通过上述分析可见，母亲的心理状态术语使用在不同的母子互动情境下具有跨情境的一致性和稳定性。我们将母亲在三个不同任务中使用的愿望术语数相加，形成一个新变量——总愿望术语数，进一步考察该变量与幼儿愿望理解能力之间的关系。同样的，三个不同任务中母亲分别使用的认知术语、情绪术语也可以依次相加形成新变量——总认知术语数和总情绪术语数，进一步考察它们与儿童心理理论间的关系。

2. 母亲愿望术语使用与儿童愿望理解能力间的关系

对母亲在三个任务情境中分别使用的愿望术语数、总愿望术语数（即三个情境下愿望术语数之和）与儿童愿望理解测试得分进行偏相关分析。表7.12是母亲愿望术语使用与儿童愿望理解之间的偏相关系数。

表7.12 母亲愿望术语使用与儿童愿望理解之间的偏相关系数（控制月龄）

	愿望术语数1	愿望术语数2	愿望术语数3	总愿望术语数
愿望理解	0.49**	0.18	0.39*	0.50**

注：** $p<0.01$；* $p<0.05$。

结果表明，母亲在《我不想上学》、厨房游戏中使用的愿望术语数和总愿望术语数与幼儿愿望理解测试得分的偏相关系数均达到显著性水平。但在《狼来了》任务中母亲使用的愿望术语数与幼儿愿望理解能力的偏相关系数未达到显著性水平。《狼来了》任务中母亲使用的愿望术语数的全距范围为0—3，标准差为0.81。该变量的数据过于集中，分布范围太窄，因此它不能有效地反映母亲愿望术语使用这一语言特点。

总体看来，母亲愿望术语使用数与幼儿愿望理解测试得分之间存在正相关关系。采用层级回归分析，在控制幼儿月龄的情况下，考察总愿望术语数对幼儿愿望理解能力的预测作用，结果见表7.13。首先，以幼儿愿望理解成绩为因变量，先把控制变量月龄放入回归方程第一层（Enter法），然后再把总愿望术语数放入回归方程第二层（Enter法）。结果发现月龄可以显著地预测愿望理解成绩，解释愿望理解成绩方差变异的13%。在控制了月龄后，愿望术语总数对愿望理解成绩有着极其显著地正向预测作用，它能单独解释愿望理解成绩方差变异的22%。由此可见，母亲使用愿望术语这一语言特点能显著地预测幼儿愿望理解成绩。

表7.13 月龄、愿望术语使用总数对愿望理解成绩的回归分析（N=40）

预测变量	B	ΔR^2	F	p
月龄	0.43**	0.13	9.83**	0.000
总愿望术语数	0.48**	0.22		

注：** $p<0.01$。

3. 母亲认知术语使用与幼儿信念理解能力间的关系

对母亲在三个任务情境中分别使用的认知术语数、总认知术语数（即三个任务情境中分别使用的认知术语数之和）与幼儿信念理解测试得分进行偏相关分析。结果如表 7.14 所示。

表 7.14　母亲认知术语使用与儿童信念理解之间的偏相关系数（控制月龄）

	认知术语数 1	认知术语数 2	认知术语数 3	总认知术语数
信念理解	0.42**	0.49**	0.48**	0.57**

注：** $p<0.01$。

结果表明，母亲在《我不想上学》、《狼来了》和厨房游戏中使用的认知术语数、总认知术语数与幼儿信念理解测试得分的偏相关系数均达到显著性水平。采用层级回归分析，在控制幼儿月龄的情况下，考察总认知术语数对幼儿信念理解能力的预测作用，结果见表 7.15。首先，以幼儿信念理解测试成绩为因变量，先把控制变量月龄放入回归方程第一层（Enter 法），然后再把认知术语总数放入回归方程第二层（Enter 法）。月龄可以显著预测信念理解成绩，解释信念理解成绩方差变异的 38%。在控制了月龄后，认知术语总数对信念理解成绩有着极其显著的正向预测作用，它能单独解释信念理解成绩方差变异的 20%。由此可见，母亲使用认知术语数可以显著预测幼儿信念理解测试成绩。

表 7.15　月龄、认知术语使用总数对信念理解成绩的层级回归分析（N=40）

预测变量	β	ΔR^2	F	p
月龄	0.55**	0.38	25.82**	0.00
总认知术语数	0.45**	0.20		

注：** $p<0.01$。

4. 母亲使用的情绪术语数与儿童情绪识别能力间的关系

对母亲在三个任务情境中分别使用的情绪术语数、总情绪术语数（即三种情境下使用的情绪术语数之和）与幼儿情绪识别测试得分之间的偏相关分析（控制月龄）。结果表明，母亲在《我不想上学》、《狼来了》和厨房游戏中使用的情绪术语数以及总情绪术语数与幼儿情绪识别能力的偏相关系数均不显著（相关系数分别为0.16、0.10、0.24和0.16）。

采用层级回归分析，在控制幼儿月龄的情况下，考察母亲使用的情绪术语能解释儿童情绪识别能力方差变异的百分比。首先，以幼儿情绪识别成绩为因变量，先把控制变量月龄放入回归方程第一层（Enter法），然后再把情绪术语总数放入回归方程第二层（Enter法）。结果发现月龄可以显著预测情绪识别成绩，解释情绪识别成绩方差变异的14%，$F = 3.50$，$p = 0.04$。在控制了月龄后，情绪术语总数不能显著预测情绪识别成绩，它能单独解释情绪识别成绩的方差变异比例仅为2%。由此可见，母亲使用情绪术语对儿童情绪识别能力没有显著的预测作用。

5. 母亲使用的情绪术语数与儿童情绪理解的关系

表7.16是母亲在三个任务情境中分别使用的情绪术语数、总情绪术语数（即三个情境下情绪术语数之和）与儿童情绪理解测试得分之间的偏相关系数。

表7.16　母亲使用的情绪术语数与儿童情绪理解测试得分的偏相关系数

	情绪术语数1	情绪术语数2	情绪术语数3	总情绪术语数
情绪理解	0.64**	0.39*	0.32*	0.58**

注：** $p < 0.01$；* $p < 0.05$。

母亲在三个情境中使用的情绪术语数、总情绪术语数与幼儿情绪理解测试得分的偏相关均达到显著性水平。采用层级回归分析，在控制儿童月龄的情况下，考察总情绪术语数对幼儿情绪理解能力的预测作用，结果见表7.17。首先，以幼儿情绪理解成绩为因变量，先把控制变量月龄放入回归方程第一层（Enter法），然后再把情绪术语总数放入回归方程第二层（Enter法）。结果发现月龄能显著预测情绪理解成绩，解释情绪理解成绩方差变异的20%。在控制了月龄后，情绪术语总数对情绪理解成绩有着极其显著的正向预测作用，它能单独解释情绪理解成绩方差变异的27%。由此可见，母亲使用情绪术语能显著地预测儿童的情绪理解成绩。

表 7.17 月龄、情绪术语使用总数对情绪理解成绩的层级回归分析（N=40）

预测变量	β	ΔR^2	F	p
月龄	0.53**	0.20	16.37***	0.001
总情绪术语数	0.52**	0.27		

注：*** $p<0.001$；** $p<0.01$。

6. 家庭社会经济地位与信念理解能力：认知术语的中介效应

本研究在考察幼儿心理理论能力时，测量了愿望理解能力、信念理解能力、情绪识别能力和情绪理解能力。由于儿童愿望理解能力和情绪识别能力上发展较早，4 岁组在这两个任务上已接近满分。幼儿在情绪理解能力上发展较为缓慢，3 岁组与 4 岁组在该测试任务上的成绩没有显著性差异，4 岁组和 5 岁组在该测试任务上的成绩也不存在显著性差异。幼儿信念理解能力在 3—5 岁阶段逐渐稳步发展。我们在下面的分析中，主要考察家庭社会经济地位与幼儿的信念理解测试成绩之间的关系。

对父亲和母亲的受教育水平、职业阶层和收入水平进行赋值，这六个指标的总分数即是家庭社会经济地位得分（范围在 6—34 分）。家庭社会经济地位与儿童信念理解能力之间的偏相关分析（控制月龄）结果显示，$r=0.37$，$p=0.02$。表明在控制了幼儿月龄的情况下，家庭社会经济地位与幼儿信念理解能力之间存在显著的正相关关系。家庭社会经济地位越高的儿童，信念理解测试成绩越好。

家庭社会经济地位与母亲使用的总认知术语数之间的简单相关分析结果显示，$r=0.42$，$p<0.01$。结果表明，家庭社会经济地位与母亲使用认知术语数之间也存在显著的正相关关系。前面分析表明，母亲使用的认知术语数量可以显著预测儿童信念理解测试成绩。母亲使用的认知术语数量是否在家庭社会经济地位影响儿童信念理解的过程中起中介作用呢？下面将通过中介效应分析加以考察。

家庭社会经济地位、母亲使用的认知术语数量和幼儿信念理解测试得分三者之间的中介模型如图 7.1 所示。

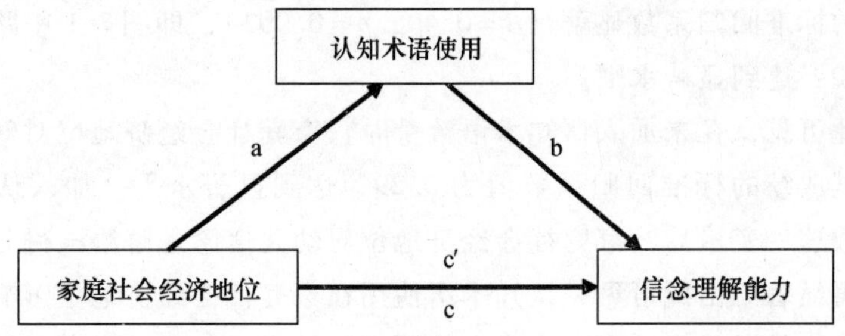

图 7.1　家庭社会经济地位、认知术语数量和儿童信念理解测试成绩的中介模型图

注：c 为未加入认知术语数量时，家庭社会经济地位对信念理解测试成绩的路径系数。c′为加入认知术语数量后，家庭社会经济地位对信念理解测试得分的路径系数。

家庭社会经济地位对幼儿信念理解测试得分的层级回归分析如下：以幼儿信念理解测试成绩为因变量，先把幼儿的月龄放入回归方程第一层（Enter 法），再把认知术语总数放入回归方程第二层（Enter 法）。结果发现月龄和家庭社会经济地位的标准回归系数均达到显著水平。其中家庭社会经济地位对信念理解能力的标准回归系数为 0.29（$p<0.05$），即图 7.1 中路径系数 c 为 0.29，并达到显著水平。下面将进一步考察认知术语数量是否存在中介效应。

家庭社会经济地位对认知术语数量的回归分析如下：以认知术语总数为因变量，把家庭社会经济地位放入回归方程（Enter 法）。结果发现回归方程显著，自变量能解释因变量方差变异的 17.7%。家庭社会经济地位对母亲认知术语使用总数的标准回归系数为 0.42（$p<0.01$），即图 7.1 中路径系数 a 为 0.42，达到显著水平。

家庭社会经济地位和认知术语数量对幼儿信念理解能力的层级回归分析如下：以幼儿信念理解测试成绩为因变量，先把幼儿的月龄放入回归方程第一层（Enter 法），再把家庭社会经济地位和认知术语使用总数放入回归方程第二层（Enter 法）。结果发现，回归方程达到显著水平，家庭社会经济地位和认知术语使用总数能解释幼儿信念理解能力方差变异的 20.9%。在加入认知术语使用总数这一变量后，家庭社会经济地位对幼儿信念理解能力的标准回归系数不再显著（$\beta=0.11$，$p=0.36$），即图 7.1 中路径系数 c′为 0.11，未达到显著水平。而认知术语使用总数对信念理解能力的标准回归系数显著（$\beta = 0.40$，$p = 0.002$），即图7.1中路径系数b为0.40，达到显著水平。

由此可见，在未加入认知术语数量时，家庭社会经济地位对幼儿信念理解测试成绩的标准回归系数值为0.29，达到显著水平。加入认知术语使用总数这一变量后，家庭社会经济地位对幼儿信念理解测试得分的路径系数不再显著。由此可见，认知术语使用在家庭社会经济地位影响幼儿信念理解能力的过程中起到完全中介作用。

四　讨论

（一）心理状态术语各成分分析

在本研究中，我们选取了三类有代表性的心理状态术语，即愿望术语、认知术语和情绪术语。母亲使用心理状态术语是否具有跨情境的一致性呢？它是一种稳定的语言特点吗？我们选择了三种具有代表性的常见的母子互动情境，来深入分析母亲的语言特点。

《我不想上学》是一本包含少量文字的图画故事书。母亲讲述完需要6—8分钟。它讲述的是一个4岁孩子如何从不想上学到想去上学的转变过程，其中包含着众多人物的心理活动，如愿望、情绪和信念。母亲在该任务中使用的愿望术语少则5次，最多可达14次。母亲使用的认知术语数量在2—18次之间。使用的情绪术语数量在2—17次之间。该故事能较好地反映出母亲使用心理状态术语的不同水平。《狼来了》是一个有9幅图片的无字图片故事。母亲完整讲述需3—4分钟。在筛选故事材料时，我们认为，《狼来了》包含着主人公撒谎、受骗、生气等丰富的心理内容，因此采用了它。但结果发现，母亲在此任务中使用的愿望术语差异并不大。但使用的认知术语和情绪术语数量的差异较大，范围分别是2—18次和1—14次。厨房游戏中产生的语言要少于共同阅读故事书情境。母亲使用的句子较短，而且更容易出现重复性词语。母亲使用的愿望术语数量范围为0—6次，认知术语数量范围为0—12次，情绪术语数量范围为0—1次。其中情绪术语使用过少，愿望术语和认知术语使用的全距较大。母子共同游戏过程中，母亲和孩子更多地在谈论喜不喜欢玩这类玩具，如何玩玩具等，而很少产生关于情绪的话语。

研究表明，母亲在互动交流中使用心理状态术语是一种稳定的语言特点。有的母亲在与孩子互动交流时，善于使用愿望、认知、情绪等词汇，而有的母亲不善于使用心理状态术语，不论是看文字讲故事、自由发挥讲故事，还是在其他游戏活动中，使用心理状态术语的频率都较低。这说明，使用心理状态术语的情况存在一定的个别差异。但是从总体上看，中国母亲并没有表现出不善于使用心理状态术语的情况。国内其他学者的研究也证明了这一点。例如，桑标、李燕燕（2006）观察了亲子互动游戏过程，也未发现中国母亲使用心理状态术语极少的情况。

陆慧菁等人（Lu，Su & Wang，2008）通过纵向研究，考察了3—4岁幼儿自传体记忆内容中的语言特点与错误信念理解之间的关系。他们发现，幼儿在回忆中很少使用心理状态术语，只是简单地提到他人。比如，在回忆生活中的一件事情时，说道，“那天我摔倒了，磕破了嘴唇，我哭了，奶奶也哭了”。而不是说“奶奶很难过”。但是他们的研究表明，儿童简单地提及他人的次数和错误信念理解测试成绩之间有密切的关系。他们还认为，在中国儒家文化和集体主义的影响下，人们更注重与他人的关系，而不是自己的心理状态。陆慧菁等人的研究是采用幼儿自传体记忆方法来收集儿童使用心理状态术语的资料，这与通过亲子活动和游戏考察母亲使用心理状态术语的研究结果，可能存在差异，因为母亲使用心理状态术语的水平和儿童使用心理状态术语的水平，并不一定成正比例关系。另外，自传体记忆的研究方法与真实的亲子互动情境（如共同阅读故事书和共同游戏）研究方法，也存在一定差异。儿童的语言能力和记忆能力可能会影响到幼儿心理状态术语使用的频率。从理论上看，我们认为，促进儿童心理理解能力的发展，可能有多种途径，心理状态术语使用只是其中一种途径，丰富的社会交往情境（如同伴交往）、语用等途径也起着重要的作用，而且不同途径之间的作用并不矛盾，也不存在非此即彼的关系。

（二）各类型心理状态术语使用与心理理论各成分间的关系

研究表明，在控制了月龄后，总愿望术语数对愿望理解成绩具有显著的正向预测作用，母亲使用的认知术语数对儿童信念理解能力具有显著的正向预测作用，母亲使用的情绪术语数也能正向预测儿童的情绪理解能力。

母亲在使用愿望术语时（如“莎莎不想上学”），这里的“不想”能引发幼儿关注到故事主人公莎莎的心理状态。依循母亲的言语指引，能进一步思考、理解主人公的心理状态。能将主人公的愿望心理状态与她赖床、不吃早餐、哇哇大哭等行为联系起来，与莎莎不高兴的表情和情绪状态联系起来，幼儿能逐渐提高愿望理解能力，以及根据愿望推测行为和情绪的能力。

母亲在使用认知术语时（如“农民伯伯们以为狼来了”），这里的认知术语“认为”能将主人公（农民伯伯）和信念状态联结起来。通过母亲的讲述，孩子逐渐理解到这种信念是主人公所特有的，但它并不一定是客观的事实，也不是其他人（如放羊娃）所持有的观点。母亲在讲述农民伯伯们上山打狼的行为时，促使孩子逐步理解到农民伯伯所持有的错误的观念会直接影响到他们的行为。母亲多次使用这类认知术语，能不断引发孩子对他人想法、观点的思考，逐步认识到自己和他人可以拥有不同的信念，并且他们的行为会受到之前所持信念的影响，同时新的行为会进一步影响他们的信念。通过这一过程的不断强化，孩子逐步提高对抽象的信念进行归因和理解，以及根据信念推测自己及他人行为的能力。但有些研究者认为，心理状态术语的作用与句法的作用密不可分，尤其是补语句法结构起着特殊的作用。可是，研究也表明，中国父母和教师可能不像西方文化下那样，在生活中使用非常正规的心理动词加上补语结构的复杂句法。我们以为，某种句法结构对儿童心理理解能力的影响，可能在不同文化下存在一定差异，表现出文化特异性。从研究角度讲，很难把心理状态术语的作用与句法（或语法）、语用的作用完全分离，这也是我们在提到语言的作用时必须考虑的问题。

认知术语对幼儿信念理解能力的促进作用究竟归功于认知术语本身（词汇）的作用，还是它所在句子包含的补语句法结构的作用？哈里斯、罗奈和庞斯（Harris，Rosnay & Pons，2005）认为，语用的解释最具竞争力。认知术语本身并没有丰富的含义，词汇本身并不足以引起儿童对认知动词前后内容（即主语和宾语内容）的思考，很难促进儿童错误信念理解能力的发展。在本研究中，母亲使用的认知术语所在的句子，有一部分并不存在补语句法结构（如“他在想什么?”“你骗我们”“他觉得没有意思”）。这类句子中的认知术语后接着名词、人称代词或副词，而并非完整的句子。但这些认知动词依然有利于促进儿童对他人心理状态的思考和理解，例如，在故事讲述中，问儿童故事中的人物在想什么，能引发幼儿理解故事主人公的观念和想法。“你骗我们”也能引发幼儿感受到

“你”（放羊娃）通过某种方式使“我们”（农民伯伯，人称代词）持有一种错误的信念或做出不恰当的行为。“他觉得没有意思”促使幼儿关注到故事主人公此时的心理感受是没有乐趣的、无聊的（副词）。这些句子并不含有典型的补语句法结构。由此看来，从语用的角度来解释语言的作用，也是可以接受的理论观点。

（三）家庭社会经济地位影响信念理解能力：认知术语使用的中介效应

家庭社会经济地位对儿童信念理解能力的影响是通过母亲认知术语使用这一中介变量起作用的。

研究表明，家庭社会经济地位是与母亲更多的使用认知术语这一语言特点相联系的。家庭社会经济地位高的父母更有可能重视与孩子的互动交流质量。受教育程度高的父母语言能力更强，在和孩子讲述故事时，更倾向于详细地描述故事主人公之间所发生的事情。更擅长于引申故事内容，做出恰当的评论，更容易与孩子共同深入地探讨自己或他人的心理状态，话语中包含丰富的心理状态术语。卢戈吉尔和塔密斯－莱蒙德（Lugo-Gil & Tamis-LeMonda，2008）的研究也表明，母亲受教育年限与养育质量之间存在显著的正相关关系。在幼儿 14 个月、24 个月和 36 个月时，二者的相关系数分别为 0.45、0.37 和 0.38，并且均达到显著水平。相反，受教育程度低的父母，可能由于受到知识状态、语言表达水平、认识水平、收入压力等方面的限制，他们与孩子的互动更倾向于简短而肤浅的言语交流，倾向于自己单方面地陈述事实。

收入水平高的父母可能更有能力给孩子买多种多样的书籍和玩具，从而能给幼儿提供一个丰富刺激的环境，进而能创造更多的互动交流机会。而收入较低的父母给孩子买玩具和书籍的能力较弱，孩子所拥有的资源不丰富。在这种情况下，亲子的互动交流时间和质量都会受到影响。幼儿在这种情况下，接受到的亲子互动交流越少，从而导致接收的心理状态术语也较少。卢戈吉尔和塔密斯—莱蒙德的研究结果也表明，家庭人均收入与养育质量之间存在显著的正相关关系。在幼儿 14 个月、24 个月和 36 个月时，二者的相关系数分别为 0.26、0.25 和 0.28，均达到显著水平。

由此可见，在家庭因素影响儿童心理理解能力发展的过程中，母亲心理状态术语的使用是关键的因素。因此，父母在养育孩子时，应重视亲子互动过程，提高亲子对话交流质量，更多地使用心理状态术语，从而促进孩子心理理论能力更好地发展。

五 结论

（1）在母亲与幼儿的对话交流中，使用心理状态术语是一种稳定的语言特点。

（2）母亲心理状态术语的使用对儿童心理理论能力发展具有一定的作用。

（3）家庭社会经济地位通过母亲认知术语使用的中介变量，影响儿童信念理解能力的发展，并且母亲认知术语使用在其中起完全中介作用。

第三节 儿童心理理论发展与师生关系和同伴交往能力：纵向分析

一 问题的提出

我们知道，心理理论是指个体拥有的关于自我或他人心理世界的知识（如愿望、信念、情绪），以及据此预测和解释他人行为的能力。幼儿心理理论的发展是社会认知能力发展的重要内容。已有研究表明，幼儿一般在 4 岁左右获得表征性心理理论，即能够对他人比较抽象的心理状态（如信念和错误信念）进行知觉和推理。例如，大多幼儿在 3—5 岁期间逐渐理解一级错误信念，之后逐渐理解比较复杂的二级错误信念。一级错误信念测试，反映了个体对他人建立在一级错误信念基础上的行为的预测和解释，而二级错误信念测试，则反映了个体对他人持有的关于第三方存在的错误信念的认识。

前面章节提到，家庭环境因素对儿童的心理理论发展具有重要的影响。例如，家庭环境中兄弟姐妹交往和亲子关系对心理理论发展产生明显的影响。幼儿有年长的兄弟姐妹可能有助于其心理理论能力的发展，亲子交往中父母的指导行为和分享性谈话有利于儿童的心理理论发展。但是，很少有研究考察学校环境中的人际关系对儿童心理理论发展的影响。

儿童进入幼儿园以后，社会交往范围扩大了，有了新的交往对象。幼儿从面对父母逐渐过渡到面对教师和很多存在个性差异的同伴。卡彭代尔和刘易斯（Carpendale & Lewis，2004）提出，儿童是在社会交往环境中构建对自我和他人的心理理解，儿童社会交往能力的发展和逐渐成熟影响到儿童社会性理解的发展，例如，合作性社会交往和心理交流逐渐增多，可能会进一步促进儿童心理理解能力的发展。沃森、尼克松、威尔逊和卡帕佩（Watson，Nixon，Wilson & Capage，1999）提出，社会交往能力会影响幼儿心理理论的发展。也有研究关注学校环境中的同伴关系对心理理论的影响。如马伟娜等研究表明，受同伴欢迎的个体要比那些被拒绝的个体，在心理理论的错误信念测试中得到更好的成绩。但这些研究主要侧重于幼儿相互的排斥和接受，很少关注幼儿的交往能力因素。尤其是采用纵向研究的策略，考察儿童的同伴交往能力与心理理论发展关系的研究较少。本研究采用纵向研究策略，在不同时间点上，测量儿童的同伴交往能力、一级错误信念理解和二级错误信念理解，以考察同伴交往能力与心理理论能力之间的关系。

学校环境中，儿童面对的另一主要交往对象是教师，师生关系可能也与儿童的心理理论发展存在密切相关，但目前我们还没有看到相关的研究资料。作为成人的教师，在教育幼儿和解决儿童冲突过程中起着重要作用。儿童和教师之间形成的不同态度、不同亲密感以及冲突程度是否会影响到儿童对心理状态的理解，是值得探讨的问题。本研究初步探讨师生关系是否对幼儿心理理论发展产生一定的影响。

早期的师生关系是指儿童与幼儿园老师之间所建立的一种以情感、认知和行为交往为主要表现形式的心理关系。师生关系可以作为亲子关系的一种补充，儿童在与父母的交往中，逐渐发展起来的亲子关系也能更容易过渡到儿童与老师的关系上，因此，师生关系质量的高低，也在一定程度上反映出儿童的亲子关系水平。

已有关于师生关系的研究多侧重于师生关系对教学质量、学业成绩的影响，比如伯奇和拉德（Birch & Ladd，1997）通过对 206 名平均年龄为 5.58 岁儿童的测试，考察师生关系的亲密性、依赖性和独立性如何影响幼儿的学校适应。结果表明，依赖性越强的儿童，越容易产生更多的学业困难，包括学业成绩较差、学习态度更加消极，参与学校活动更少。师生关系的冲突性与儿童回避学校生活、自我指导以及合作参与积极性相关。

埃琳（Erin，2007）指出，学生在家庭中得到的情感支持和帮助，家长与学校的交流质量以及温暖而开放的班级环境都会影响到师生关系质量。默里等人（Murray，2008）指出，幼儿园老师在幼儿的生活中扮演着重要的角色，他们指导儿童完成由家庭向学校的过渡，并且在儿童需要帮忙或面对困境的时候随时提供帮助；张晓、陈会昌和张桂芳（2008）关于母子关系、师生关系与幼儿入园第一年的问题行为的研究表明，良好的师生关系对儿童的社会和认知能力发展都有着重要的影响。

国外关于家庭社会经济地位与师生关系的研究发现，家庭社会经济地位低的儿童，师生关系的质量相比之下也会较低（Birch & Ladd，1997；Pianta & Stuhlman，2004）。此外，拉德、伯奇和布斯（Ladd，Birch & Buhs，1999）的研究表明，来自非少数民族的、家庭社会经济地位较高的儿童，比起家庭社会经济较低的有色人种的儿童，能形成更加亲密的师生关系。

本研究采用纵向研究策略，考察师生关系和同伴交往能力对幼儿心理理论发展的影响。我们对儿童的语言能力进行了测量，以便在分析中排除语言的作用。

二　研究方法

（一）研究对象

随机选取某城市幼儿园3—5岁儿童96人。其中3岁儿童21人，4岁儿童37人，5岁儿童38人。其中3岁组儿童平均年龄$M=43.86$个月，$SD=2.95$个月；4岁组平均年龄$M=53.52$个月，$SD=3.26$个月；5岁组平均年龄$M=65.39$个月，$SD=3.12$个月。男孩50人，女孩46人。

（二）研究过程

采用纵向研究方法，进行时间跨度为1年的测试。在秋季儿童进入幼儿园后半年，即当年的12月份施测心理理论和语言（称作第一个时间点或第一次测量），又6个月之后（即第二年的5月份）施测儿童的师生关系和同伴交往（因为儿童和教师相处一年，此时进行测试可以更好反映一年内的师生关系状况，为叙述方便，后文也称第一个时间点或第一次测试）。再6个月后（即第二年秋季入学后的11月份），再次施测心理理论和语言（称作第二个时间点或第二次测试）。在第二次施测时，由于被试转学或其他原因共丢失被试13人。其中原3岁组丢失1人，4岁组被试丢失3人，5岁组被试因为升入小学而转学，共丢失9人。最后进入数据统计分析的被试数共83人。首次测量时的人数和年龄为：3岁组20人，平均年龄43.80（$SD=3.01$）个月，4岁组34人，平均年龄53.65（$SD=3.25$）个月，5岁组29人，平均年龄65.41（$SD=3.31$）个月。

（三）测试和程序

心理理论测试：采用错误信念理解测试，一级错误信念理解测试包括位置改变任务和意外内容任务。位置改变任务采用经典范式，故事描述两个孩子小红和小强在一起玩球，之后一个孩子趁另一个孩子不在时，把玩具改换了地方。记忆控制问题："小红把皮球放在哪里了？篮子里还是盒子里呢？"事实检测问题："皮球现在实际上在哪里啊？"若被试者不能正确回答控制问题和事实检测问题，则重复讲述故事。测试问题包括错误信念理解问题与行为预测问题。错误信念理解问题："小红认为皮球在哪里呀？"行为预测问题："小红回来后首先会去哪里找皮球呢？"正确回答每个问题，记1分。

意外内容任务采用经典范式，给儿童一个饼干盒，问被试者里面装的什么，在被试回答后，由被试自己打开，意外的发现里面是另外一个东西。之后盖上盒盖。实验者提问的问题包括表征转换问题和他人错误信念理解问题。表征转换问题："在打开盒子之前，你认为盒子里面放的是什么啊？"错误信念理解问题："如果别的小朋友从来没有打开过这个盒子，我给他看这个盖着的盒子，他会认为里面放的是什么啊？"正确回答每个问题计1分。本测试任务的总分为2分。被试最后的心理理论任务得分为位置改变任务得分加上意外内容任务得分。分数范围为0—4分。

第二次施测包括一级错误信念理解任务和二级错误信念理解任务，一级错误信念理解测试包括位置改变任务和意外内容任务，实验程序与第一次测量相同，但采用的道具和情景不同。二级错误信念理解测试采用经典范式。故事内容为：妈妈为小强准备了生日礼物小汽车。但把它放在了地下室里。小强在地下室看到了他的生日礼物小汽车。但妈妈不知道小强已经知道了她准备的生日礼物。奶奶问妈妈："小强知道他的生日礼物是小汽车吗？"二级错误信念问题：你认为妈妈会对奶奶怎么说？得分范围为0—2分。

儿童同伴交往能力测试：采用儿童同伴交往能力量表进行测试。该量表适合学龄前儿童。由最熟悉儿童的教师（包括班主任和生活老师）进行评定，然后计算两位老师在每个题目上评分的平均数。施测时，被试者与老师已经相处了 1 年时间。同伴交往能力界定为：儿童在交往过程中感受、适应、协调和处理同伴关系能力的总和，它包含社交主动性、语言和非语言交往能力、社交障碍以及亲社会行为四个维度。分半信度为 0.84，评分者信度为 0.79。

师生关系测试：该量表最初为皮安塔和斯滕伯格（Pianta & Steinberg，1992）编制，共由 28 道题目组成，包括亲密性、冲突性和依赖性三个维度。采用教师评定方式，测查儿童与教师的关系质量。该量表由张晓等人修订成中文版本并在国内使用。修订后的量表具有较高的内部一致性信度和良好的结构效度、效标关联效度，三个维度及总量表的 α 系数分别为 0.88、0.74、0.72 和 0.81。在本研究中，由最熟悉儿童的老师（包括班主任和生活老师）在一个 5 点量表上评价自己所在班级儿童的师生关系。然后计算两位老师在每个题目上评分的平均数。

语言测量：使用匹博迪图画词汇测验（PPVT-R）中文修订版对儿童的接受性语言能力进行测试。在第一个时间点和第二个时间点进行两次施测。

三　结果和分析

（一）描述统计资料

表 7.18 是各种测试的描述统计资料（包括平均数、标准差和得分范围）。首先按照 3 岁、4 岁和 5 岁三个年龄段对有关变量的年龄差异进行分析，以检验数据的可靠性。对第一次测量的心理理论能力测试得分进行年龄组差异检验，以年龄组为自变量，以第一次测量的心理理论得分为因变量，方差分析表明，年龄主效应显著，$F(2, 80) = 16.09$，$p < 0.001$。事后检验（post-hoc test）发现，三个年龄段两两之间均存在显著差异。同样的方差分析发现，三个年龄段儿童第二次施测的一级错误信念理解测试得分差异显著，$F(2, 80) = 13.89$，$p < 0.001$。事后检验（Bonferroni 方法）发现，3 岁组和 4 岁组差异显著（$p = 0.01$），3 岁组和 5 岁组差异显著（$p < 0.001$），4 岁组和 5 岁组差异显著（$p < 0.05$）。同样的方差分析发现，第二次施测的二级错误信念理解测试得分的年龄主效应显著，$F(2, 80) = 4.52$，$p = 0.01$。事后检验（Bonferroni 方法）发现，3 岁和 5 岁组差异显著（$p = 0.01$），而 3 岁组和 4 岁组或 4 岁组和 5

岁组差异均不显著。以上数据表明，儿童心理理论测试得分与以前研究发现的规律基本一致。

表 7.18　　两次施测中各测量变量的平均数（标准差）和范围

	第一次施测（$n=83$）		第二次施测（$n=83$）	
	M（SD）	范围	M（SD）	范围
年龄（月）	55.39（8.92）	35—71		
语言	52.77（22.90）	12—130	85.92（28.59）	22—152
心理理论任务一级错误信念	2.44（1.45）	0—4	3.37（0.80）	1—4
二级错误信念			1.14（0.73）	0—2
社交主动性	28.20（5.50）	16—40		
语言和非语言	38.75（4.86）	28—48		
社交障碍	33.56（9.79）	13—48		
亲社会行为	33.16（3.54）	26—44		
师生关系亲密感	41.76（5.29）	24—54		
冲突感	24.25（4.96）	14.50—38		
依赖感	14.53（2.85）	8.5—21		

（二）各变量之间的相关分析

对各测试变量及变量内维度进行相关分析，结果见表 7.19。

表 7.19 各测量变量及维度 Pearson 相关系数（N = 83）

	A	B	C	D	E	F	G	H	I	J	K	L
A 年龄												
B 语言（1）	0.55***											
C 语言（2）	0.76***	0.46***										
D 一级 FB（1）	0.53***	0.50***	0.55***									
E 一级 FB（2）	0.52***	0.34**	0.49***	0.44***								
F 二级 FB	0.37***	0.11	0.36***	0.30**	0.24*							
G 师生亲密感	−0.26*	−0.14	−0.13	−0.16	−0.02	−0.03						
H 师生冲突感	−0.001	0.11	0.05	0.19‡	0.05	−0.16	−0.15					
I 师生依赖感	−0.20†	−0.06	−0.13	−0.11	−0.16	−0.15	0.55***	0.20†				
J 社交主动性	0.26*	0.31**	0.22*	0.28**	0.24*	0.03	0.28**	0.47***	0.37***			
K 语言和非语言	0.26*	0.15	0.24*	0.04	0.36***	0.06	0.44***	−0.02	0.06	0.40***		
L 社交障碍	−0.48***	−0.22*	−0.36***	−0.30**	−0.06	0.20†	0.28**	−0.08	0.24*	−0.11	−0.13	
M 亲社会行为	0.34**	0.13	0.34**	0.08	0.31**	0.14	0.26*	0.07	0.03	0.35***	0.65***	−0.23*

注：表中语言（1）和语言（2）分别表示第一次施测和第二次施测的语言成绩。一级 FB（1）和一级 FB（2）分别表示第一次施测和第二次施测的一级错误信念理解成绩。

*** $p<0.001$；** $p<0.01$；* $p<0.05$，† $p<0.06$；‡ $p<0.07$（2 – tailed）.

第一次施测的心理理论测试成绩与社交主动性显著正相关，与社交障碍显著负相关，与师生关系的冲突感相关边缘显著，与两次施测的语言能力显著正相关。第二次施测的一级错误信念理解测试成绩与社交主动性、语言和非语言交往及亲社会行为显著正相关，与两次施测的语言能力显著正相关。第二次施测的二级错误信念理解成绩与社交障碍相关边缘显著。

师生关系的亲密感与儿童的同伴交往能力的四个维度都存在显著正相关。师生关系的依赖感与儿童同伴交往能力中的社交主动性显著正相关，与儿童社交障碍得分边缘显著相关。儿童同伴交往能力各维度间，社交主动性与语言和非语言、亲社会行为存在显著正相关。

（三）心理理论测试成绩对师生关系和同伴交往能力的回归分析

回归分析的目的在于了解第一次测试的心理理论、语言以及师生关系和社会交往能力对第二次测试的心理理论得分的预测作用。

首先，以第二次施测的一级错误信念测试成绩为因变量，以第二次施测时的年龄、第一次和第二次施测的语言、第一次施测的一级错误信念理解测试成绩以及师生关系和同伴交往能力为预测变量，进行回归分析。发现年龄可以显著地预测第二次施测的一级错误信念测试成绩，$Beta = 0.52$，$\Delta R^2 = 27.7\%$，F 变化 $= 31.06$，$p < 0.001$。第二次施测的语言预测作用显著，$Beta = 0.34$，$\Delta R^2 = 11.7\%$，F 变化 $= 10.71$，$p = 0.002$。第一次施测的一级错误信念任务成绩的预测作用显著，$Beta = 0.35$，$\Delta R^2 = 9.4\%$，F 变化 $= 9.50$，$p = 0.003$。语言和非语言交往得分的预测作用显著，$Beta = 0.32$，$\Delta R^2 = 10.40\%$，F 变化 $= 12.00$，$p = 0.001$。

以第二次施测的二级错误信念理解测试成绩为因变量，以第二次施测时的年龄、第一次施测时的一级错误信念测试成绩、第二次施测的语言以及师生关系和同伴交往能力为预测变量，进行回归分析。发现第二次施测时的年龄可以显著预测二级错误信念理解测试成绩，$Beta = 0.37$，$\Delta R^2 = 14.0\%$，F 变化 $= 13.20$，$p < 0.001$。师生关系冲突感显著地负向预测二级错误信念理解测试得分，$Beta = -0.19$，$\Delta R^2 = 4.10\%$，F 变化 $= 3.87$，$p = 0.05$。

四　讨论

本研究考察学校环境中的师生关系、同伴交往对儿童心理理论发展的影响。研究发现，年龄、第一次测量的错误信念理解、第二次施测的语言和同伴交往中的语言和非语言交往能力可以显著地预测第二次测量的一级错误信念理解成绩。年龄和师生关系冲突感可以显著预测二级错误信念理解成绩。

本研究表明，年龄是儿童心理理论发展的重要预测源，这与以前的研究结果一致。研究表明，随着儿童年龄的增加，在正常发展环境下，儿童的心理理解能力逐渐提高。儿童的同伴交往能力可以显著地预测儿童心理理解能力的发展，这与卡彭代尔和刘易斯（Carpendale & Lewis，2004）的观点一致，即儿童社会交往的发展程度会影响到社会性理解的发展，表明儿童在交往中随着能力的增强，逐渐构建起对自我和他人的心理状态理解。本研究进一步延伸了沃森等人（1999）的实验结果和观点，即在3—6岁儿童的社会交往能力和心理理论的关系中，可能存在另一种关系模式，即社会交往能力影响心理理解能力发展。本研究采用教师评定测试儿童的同伴交往能力，得到的结果与采用同伴提名法和同伴关系的静态测量法衡量儿童的同伴关系得到的结果一致。本研究提示，儿童在学校环境中的同伴交往的发展，进一步提高了儿童的社交能力，同时促进了社会性理解的发展。

本研究首次考察师生关系是否影响心理理论发展，结果发现，师生关系中的冲突感与后来的二级错误信念理解存在密切关系。师生关系中，儿童与教师在语言、情绪和其他方面产生的冲突，可能会进一步减少交往机会，减少关于心理状态语言的谈论。尤其是，老师对那些容易与自己产生冲突感的儿童，可能常采用强制或粗略的交往方法，处理自己和儿童以及儿童彼此之间的关系，从而阻碍儿童在交往中谈论心理状态，减少交往频率，降低交往质量，甚至使个别儿童在群体中产生孤立感。这些都可能对儿童的心理理论发展产生不利的影响。

本研究表明，发展比较早的一级错误信念理解与同伴交往能力中的语言和非语言交往能力存在密切关系，而较为复杂的二级错误信念理解主要与师生关系联系紧密。二级错误信念理解与一级错误信念理解相比，涉及的人际关系较为复杂，涉及的心理状态理解抽象程度也比较高。这个结果可能反映了，同伴之间因为年龄和心理理论发展阶段接近，同伴之间的社会交往对较为复杂的心理理解难以产生积极的促进作用。而与年龄较长者和心理理解水平较高者交往，可能更容易促进复杂高级的心理理解能力。例如，以往研究发现，幼儿在家庭环境中可以从比自己大的兄弟姐妹中获得心理理论能力，或者在混龄编班里，幼儿可以从比自己年长的同伴身上学习各种心理理解技能。

3—5 岁是儿童心理理论发展的重要时期。随着年龄增长和交际范围的扩大，儿童的心理不断成熟，经验不断增加，对自我和他人的心理理解能力也在不断增长。按照卡彭代尔和刘易斯（Carpendle & Lewis，2004）的社会交往理论，儿童在与他人的社会交往中，形成和完善自己的心理知识系统。对学前儿童来说，如何增加合作性社会交往，促进心理状态理解，对社会认知发展十分重要。以往研究强调儿童在家庭中与父母和兄弟姐妹之间的交往，但很多城市幼儿属于独生子女，所以如何最大限度利用学校环境促进儿童的社会交往功能，提高儿童心理理解能力和适应社会环境，促进心理健康发展，是摆在教育者面前的任务。尤其是教师树立正确的儿童观，正确理解儿童的心理状态，提高与儿童交往技能，采用良好策略处理矛盾关系，对促进儿童理解复杂抽象的心理状态十分重要。本研究结果丰富了心理理论发展的社会交往机制理论，并对我们思考如何发挥学前教育的多方面功能具有一定启示。

五　结论

年龄、语言、同伴交往能力中的语言和非语言交往，以及早期的一级错误信念理解与后来的一级心理理论发展存在密切关系，而较为复杂的二级错误信念理解与年龄以及师生关系冲突感存在密切关系。同伴关系和师生关系是学校环境中影响心理理论发展的重要因素。

第四节　3—5 岁儿童的社会行为与心理理论、气质的关系

一　问题的提出

儿童的社会行为是指幼儿在社会交往中所表现出来的对人、事和物的一系列态度和行为反应（庞丽娟、陈琴、姜勇、叶子，2001）。社会行为的发展是个体社会性发展的重要内容。有研究者将其分为积极行为和消极

行为两个维度，采用教师评定法和时间抽样法对儿童社会行为的发展状态进行评定（庞丽娟等，2001）。另有研究者把它分为亲社会行为、攻击破坏和害羞退缩等三个维度（刘明、邓赐平、桑标，2002）。另外，陈欣银等人（1992）比较了中西方儿童社会行为三个维度上的差异，他们认为，中国幼儿的害羞退缩（或羞怯和敏感）属于一种积极品质，应该把它和社会孤立性区别开来（陈欣银、鲁宾、李丹、李正云、李伯黍，1992）。亲社会行为是指个体在社会环境和人际交往中做出的对他人和集体有益的行为，包括帮助、合作、分享和安慰等（李丹，2001；寇彧、王磊，2003）。

幼儿社会行为的发展受到哪些因素的影响是研究者关注的问题之一。家庭因素、社会环境因素和个体因素是与幼儿的社会行为表现相关的三个重要方面。研究者认为，个体因素中的心理理论能力和气质特点影响到幼儿的社会行为（Flavell，2000；刘雯、杨丽珠，2000）。3—5岁阶段，是儿童心理理论能力快速发展的重要时期。弗拉维尔（Flavel，2000）指出，心理理论能力在一定程度上制约着儿童社会行为的发展，它在儿童的社会性发展过程中具有十分重要的作用。有研究考察了幼儿的亲社会行为、分享行为和攻击破坏行为与心理理论能力的关系。恩索尔和休斯（Ensor & Hughes，2005）对2—3岁幼儿的研究发现，情绪理解能力影响儿童早期的亲社会行为。刘明等人（2002）发现，3—4岁儿童的心理理论测试成绩和亲社会行为之间存在显著的相关，他们认为，幼儿的亲社会行为发展以心理理解能力为基础，幼儿只有理解了他人的意图、情绪、信念等心理状态，才能对各种社会情境有正确的认识，从而做出亲社会行为。但是，也有研究者提出了不同的观点。李丹（1994）的研究表明，5—7岁儿童的观点采择能力和分享行为没有显著相关，而与捐赠行为有一定相关。虽然理解他人思想和情感的观点采择能力可能和亲社会行为有关，但是个体能否利用观点采择并做出亲社会行为，还可能与其他因素（如动机）有关（丁芳，2001）。卡西迪等人（Cassidy，2003）对3—6岁儿童的研究发现，在控制了语言能力后，儿童心理理论和积极社会行为（positive behavior）无显著相关。史密斯和博尔顿（Smith & Boulton，1990）认为，攻击性比较强的儿童能较好地把握攻击情境中他人的心理，理解攻击行为的后果。实施攻击行为的儿童心理理论能力并不比其他儿童差，主动型攻击的实施甚至需要较高的心理理解能力，包括感知和解释社会性线索。王益文、林崇德和张文新（2004）的研究发现，3—4岁的孩子，那些善于实施间接攻击的儿童的心理理论测试得分显著地高于那些实施身体攻击儿童的心理理论测试得分。

儿童的行为具有一定的社会性基础，但其社会性发展尚不成熟，其行为可能受到家庭环境的影响，同时也可能与气质特点有关（刘雯、杨丽珠，2000）。气质是儿童社会化初期的基础，与儿童的社会认知和社会行为有密切关系。刘文（2002）采用气质问卷测查儿童的气质特点，采用情境观察法收集儿童的亲社会行为数据资料，发现3—5岁儿童的社会抑制性对幼儿的利他行为有一定影响。显然，儿童和成人的行为只要是处于一定关系中的社会行为，必然涉及与他人的关系。一般地，成人在做出某种行为的时候，能够考虑他人的知识状态、情绪状态、动机和信念等，也就是说，人们的行为建立在对他人心理状态理解的基础上。凯萨尔、林和巴尔（Keysar，Lin & Barr，2003）研究认为，儿童6岁左右已经能够理解复杂的二级错误信念，具有类似成人的心理理论能力。但是研究表明，成人在心理理论应用中存在一定的局限性，如在推理他人的心理状态时，受到事后聪明式偏差和知识偏差的影响（Birch & Bloom，2004，2007）。成人的知识系统和心理理解能力虽然已经较为完善，但是在推测他人的心理状态时，仍然存在很大的个别差异，这可能与个人的人格特质、思维方式有密切的关系。对于3—5岁的儿童来说，心理状态理解系统的发展尚不成熟，他们的社会行为有可能受到带有遗传特征的气质的影响。

本研究主要探讨3—5岁儿童的社会行为主要是基于气质特征，还是基于对他人心理状态的理解，或者是基于二者的共同作用。以3—5岁儿童为研究对象，测查其社会行为、心理理论和气质特征，考察幼儿的社会行为与心理理论和气质的关系，并重点探讨该年龄段儿童的社会行为中心理状态的理解和气质特征的作用。从幼儿教育实践上说，有利于理解幼儿社会行为的真实动因，为采取合理的教育手段提供参考。

二　研究方法

（一）被试者

选取某城市幼儿园90名幼儿为被试，3岁儿童21人，4岁儿童36

人，5 岁儿童 33 人。3 岁组儿童平均年龄 43.86 个月，标准差 =2.95 个月；4 岁组平均年龄 53.44 个月，标准差 =3.28 个月；5 岁组平均年龄 65.76 个月，标准差 =3.04 个月。男孩 48 人，女孩 42 人。

（二）测试方法

儿童社会行为问卷：采用邓赐平（1998）编制的儿童社会行为教师评定问卷。社会行为分为亲社会行为、攻击破坏和害羞退缩三个维度。其中亲社会行为维度的内在一致性系数是 0.87，攻击破坏行为维度内在一致性系数是 0.85，害羞退缩行为维度的内在一致性系数是 0.85。评定采用 3 点等级计分，从“很不符合”（0 分）到“十分符合”（2 分）。

儿童心理理论能力的测试包括位置改变任务，意外内容任务，情绪识别任务和基于信念与愿望的情绪理解任务。

位置改变任务：根据巴伦 - 科恩等设计的萨利—安故事改编。描述两个小朋友小强和小红在教室里玩，小红把皮球放到篮子里然后去教室外面玩了，小强把皮球从篮子里移到盒子里。过了一会，小红从外面回来了。随后询问被试一系列问题。

记忆控制问题：“小红把皮球放在哪里了?”（若被试者无法立即做出回答，将问题进一步简化为：“篮子里还是盒子里呢?”）

事实检测问题：“皮球现在实际上在哪里啊?”若上述两个问题回答正确，则依次问以下三个问题，若不能正确回答，则重复讲述该故事，直至儿童正确回答，一般最多重复三遍左右，被试者都能正确回答。

测试问题一：知识状态问题，“小红知道现在皮球在哪里吗?”（正确答案：不知道）

测试问题二：想法问题，“小红觉得皮球在哪里呀?”（正确答案：篮子里）

测试问题三：行为预测问题，“小红回来后首先会去哪里找皮球呢?”（正确答案：篮子里）

测试问题四：理由问题，“她为什么会去那里找啊?”计分方式：记忆控制问题和事实检测问题不计分。

知识状态问题、想法问题和行为预测问题均为 0/1 计分，正确回答记 1 分，错误回答记 0 分。理由解释问题答错记 0 分，答出具体位置记 1 分，答出心理状态的理由记 2 分。此测试任务的得分范围为 0—5 分。

意外内容任务：根据佩尔奈等人提出的意外内容任务改编而成。具体实验操作如下：实验者向被试者出示饼干盒，然后问："×××（被试者姓名），里面装的是什么（指着饼干盒）?"被试者回答后，主试打开盒子，从盒子里拿出来的是一支铅笔，对被试者说："啊，是铅笔"；然后实验者把铅笔放回盒子，并盖上盒盖。接着实验者提问系列问题。

检测问题："现在盒子里面放的是什么啊?"（正确答案：铅笔）

表征转换问题："在打开盒子之前，你觉得盒子里面放的是什么啊?"

错误信念问题："如果你们班上的×××（其熟悉的某个儿童姓名）从来没有打开过这个盒子，如果我给他看这个盖着的盒子。他会觉得里面放的是什么啊?"计分时只有检测问题回答正确了，才能对表征转换问题和错误信念问题计分。

均为0/1记分，回答正确得1分，回答不正确得0分，此测试任务的得分范围为0—2分。

情绪识别任务：借鉴庞斯（Pons，2003）的研究任务，实验者从四张情绪图片中随机挑出一张，问："这个小朋友怎么了？是笑（还是哭，生气，吃惊或者害怕)？那你想象一下，她为什么会笑（哭、生气、吃惊或害怕）呢?"正确识别表情得1分，能够解释合理理由得1分，没有正确识别或不能做出解释或解释理由不合理均计0分。此测试任务的得分范围0—8分。

基于信念和愿望的情绪理解任务：根据哈里斯等人（Harris，Johnson，Hutton，Andrews & Cooke，1989）的实验范式改编。考察儿童是否能基于主人公的愿望和信念正确理解他人的情绪。故事内容是：莎莎手里有一颗糖，她想要把糖放在蓝色盒子里。但是当她打开蓝色盒子后，发现里面有一只玩具虫子，实验者说："哦，怎么是虫子啊?"莎莎很害怕虫子，她立刻合上了蓝色盒子，把糖放在了旁边的红色盒子里（实验者确保儿童看到糖被装在了红色盒子里）。然后莎莎出去玩了。接着询问被试者系列问题。第一个控制问题：糖现在在哪里啊？（若被试者无法立即做出回答，将问题进一步简化为："红盒子里还是蓝盒子里呢?"）过了一会儿调皮的雷雷出现，偷偷把糖放在蓝盒子里，把虫子放在了红盒子里。然后莎莎回来。第二个控制问题：糖现在在哪里啊？（正确答案：蓝盒子）如果儿童对两个控制问题回答错误，则重复进行故事讲解和演示，直至回答正确。控制问题不计分。然后按以下顺序逐一问测试问题。

基于信念的情绪理解问题：莎莎回来后看着红色盒子，在没打开之前，她是高兴还是难过？（正确答案：高兴）

情绪观点采择问题：如果你是莎莎，打开红色盒子之前，你是高兴还是不高兴？（正确答案：高兴）

基于愿望的情绪理解问题：当莎莎打开红色盒子后，看到了虫子，她是高兴还是不高兴？（正确答案：不高兴）

正确回答记 1 分，错误回答记 0 分。此任务的得分范围为 0—3 分。

儿童气质问卷：采用刘文和杨丽珠（2004）编制的“3—9 岁儿童气质教师评定问卷”进行测试。该问卷主要用于探讨我国 3—9 岁儿童的气质结构、气质发展总体特点及我国 3—9 岁儿童的气质类型。本问卷共 45 个题目，采用利克特（Likert）五点量表计分。问卷分为五个维度：情绪性、活动性、反应性、社会抑制和专注性。此问卷的评分者信度为 0.89，分半信度为 0.77，再测信度为 0.85—0.96。

（三）测量程序

心理理论能力测试采用个别施测的方式，由 2 名受过专业培训的研究生担任实验者，严格按照实验程序在幼儿园一间安静房间内进行。儿童气质问卷和社会行为问卷由教师填写，其中每份问卷均由两位教师评定，对每个被试者的每个问题项目进行合并平均计分。测试均在幼儿进入小班、中班或大班后的第二学期初施测，完成整个实验约需 20 分钟。所有数据采用 SPSS11.5 进行处理。

三 结果和分析

（一）各种测试指标的描述统计结果

表 7.20 为被试者的年龄以及各测试指标的平均数、标准差和范围。

表 7.20 各测量指标的平均数、标准差和范围（N=90）

	平均数	标准差	范围
年龄（月）	55.72	9.06	35—71

续表

	平均数	标准差	范围
心理理论任务			
位置改变任务	2.38	1.44	0—5
意外内容任务	1.26	0.87	0—2
情绪识别任务	6.50	1.65	2—8
基于信念和愿望的情绪理解	2.57	1.11	0—4
亲社会行为	12.42	3.78	
攻击破坏	5.35	4.76	
害羞退缩	2.45	1.94	
气质			
情绪性	15.68	2.70	
活动性	15.17	3.89	
反应性	18.42	4.74	
社会抑制	16.09	2.60	
专注性	19.98	2.70	

（二）幼儿社会行为和心理理论、气质之间的相关分析

表7.21是年龄、社会行为各维度、心理理论测试和气质各维度的得分之间的相关系数矩阵。皮尔逊相关分析结果表明，心理理论测试成绩和年龄显著正相关。位置改变任务的得分和儿童气质的专注性存在显著负相关。意外内容任务的得分和社会行为的攻击破坏性维度存在显著正相关。亲社会行为和气质的情绪性、活动性、反应性以及专注性显著相关。社会行为中的攻击破坏维度和气质的情绪性、活动性以及社会抑制性存在显著相关，特别是和社会抑制性呈现显著负相关。害羞退缩维度与活动性、反应性以及社会抑制性显著相关。

表 7.21 心理理论、儿童社会行为和气质的 Pearson 相关矩阵（N =90）

变量	1	2	3	4	5	6	7	8	9	10	11	12
1. 年龄												
2. 位置改变	0.47***											
3. 意外内容	0.51***	0.43***										
4. 情绪识别	0.34***	0.32**	0.29**									
5. 情绪理解	0.26**	0.37***	0.35***	0.22*								
6. 亲社会行为	-0.05	-0.20	-0.08	0.04	-0.12							
7. 攻击破坏	0.13	0.04	0.30**	-0.01	-0.08	-0.36***						
8. 害羞退缩	0.23*	0.19	0.03	0.003	0.19	-0.40**	-0.08					
9. 情绪性	0.11	-0.06	0.15	0.08	0.01	-0.20*	0.35***	0.11				
10. 活动性	-0.04	-0.11	0.14	0.06	-0.14	-0.26**	0.64***	-0.26**	0.62**			
11. 反应性	0.09	-0.08	0.05	0.08	-0.13	0.23*	0.11	-0.23*	0.20	0.22*		
12. 社会抑制性	-0.18	0.05	-0.18	-0.07	0.18	0.05	-0.33***	0.34***	-0.11	0.39***	0.11	
13. 专注性	-0.34***	-0.22*	-0.10	0.02	-0.10	0.33***	-0.08	-.16	0.21*	0.03	0.41***	0.37***

注：$*p\leq0.05$；$**p\leq0.01$；$***p\leq0.001$；表中的情绪理解任务为基于信念和愿望的情绪理解任务。

（三）心理理论测试和气质各维度对儿童社会行为作用的具体分析

以攻击破坏行为得分为因变量，年龄和心理理论测试得分为自变量，进行回归分析。结果表明，意外内容任务得分可以显著预测攻击破坏行为，B = 1.77，Beta = 0.32，$\Delta R^2 = 0.077$，$F(1, 87) = 7.37$，$p < 0.01$。基于信念和愿望的情绪理解任务得分也可以显著预测攻击破坏行为，B = −0.92，Beta = −0.22，$\Delta R^2 = 0.041$，$F(1, 76) = 4.02$，$p < 0.05$。

以亲社会行为得分为因变量，以年龄和气质维度为自变量，进行回归分析。结果表明，情绪性可以显著预测亲社会行为，B = −0.31，Beta = −0.24，$\Delta R^2 = 0.055$，$F(1, 77) = 4.46$，$p < 0.05$。反应性可以显著预测亲社会行为，B = 0.21，Beta = 0.28，$\Delta R^2 = 0.078$，$F(1, 76) = 6.88$，$p = 0.01$。专注性可以显著预测亲社会行为，B = 0.54，Beta = 0.41，$\Delta R^2 = 0.113$，$F(1, 75) = 11.24$，$p = 0.001$。

以攻击破坏行为得分为因变量，以年龄和气质维度为自变量，进行回归分析。结果表明，情绪性可以显著预测攻击破坏行为，B = 0.62，Beta = 0.36，$\Delta R^2 = 0.132$，$F(1, 77) = 11.79$，$p = 0.001$。活动性可以显著预测攻击破坏行为，B = 0.87，Beta = 0.72，$\Delta R^2 = 0.30$，$F(1, 76) = 41.70$，$p = 0.001$。

以害羞退缩行为得分为因变量，以年龄和气质维度为自变量，进行回归分析。结果表明，活动性可以显著预测害羞退缩行为，B = −0.13，Beta = −0.27，$\Delta R^2 = 0.071$，$F(1, 77) = 6.11$，$p < 0.05$。社会抑制性可以显著预测害羞退缩行为，B = 0.28，Beta = 0.39，$\Delta R^2 = 0.126$，$F(1, 76) = 12.42$，$p = 0.001$。专注性可以显著预测害羞退缩行为，B = −0.18，Beta = −2.62，$\Delta R^2 = 0.053$，$F(1, 75) = 5.53$，$p < 0.05$。

（四）心理理论和气质对幼儿社会行为的共同作用分析

采用回归分析法，考察心理理论测试得分和气质维度对儿童社会行为的贡献。首先以社会行为的亲社会行为维度为因变量，以年龄和心理理论的四种任务测量得分为自变量，考察心理理论对亲社会行为的预测作用。发现年龄和心理理论都不能显著预测亲社会行为。以社会行为的攻击破坏维度为因变量，以年龄和心理理论的四种任务测量得分为自变量，考察心理理论对攻击破坏行为的预测作用。发现年龄不能显著预测攻击破坏行为，而心理理论的得分可以显著预测攻击破坏行为，$\Delta R^2=0.124$，$F(4, 84)=3.04$，$p<0.05$。

以社会行为的亲社会行为维度为因变量，以年龄和气质维度得分为自变量，考察气质对亲社会行为的预测作用。气质可以显著预测亲社会行为得分，$\Delta R^2=0.274$，$F(5, 83)=6.28$，$p<0.001$。以社会行为的攻击破坏维度得分为因变量，以年龄和气质维度的四种维度测量得分为自变量，考察气质对攻击破坏社会行为的预测作用。气质可以显著预测攻击破坏行为维度得分，$\Delta R^2=0.433$，$F(5, 83)=13.06$，$p<0.001$。以社会行为的害羞退缩维度得分为因变量，以年龄和气质维度的四种维度测量得分为自变量，考察气质对害羞退缩社会行为的预测作用，发现年龄可以显著预测害羞退缩维度得分，$\Delta R^2=0.051$，$F(1, 88)=4.75$，$p<0.05$。气质可以显著预测害羞退缩维度得分，$\Delta R^2=0.339$，$F(5, 83)=9.21$，$p<0.001$。

上述分析表明，心理理论测试得分和气质测试得分都对社会行为的攻击破坏维度具有显著预测作用。为了分析二者的相对贡献，我们进行层次回归分析，采用逐步进入法，通过建立不同的回归模型，观察二者在影响社会行为中的关系。以社会行为的攻击破坏维度得分为因变量，依次把年龄、心理理论各测量得分和气质维度放入回归方程，建立回归方程1。以社会行为的攻击破坏维度得分为因变量，依次把年龄、气质得分和心理理论得分放入回归方程，建立回归方程2。如表7.22所示。从表中的结果可以看出，在回归方程1中，当把心理理论先放入回归方程中时，它可以解释社会行为攻击破坏维度得分12.4%的方差变异，存在显著的预测作用。气质可以解释攻击破坏维度得分方差变异的35.5%，也起到显著的预测作用。但在回归方程2中，当在把年龄放进回归方程后，先把气质各维度放进回归方程，它可以独立解释攻击破坏维度方差变异的43.3%，但随后放入的心理理论得分，仅能解释因变量方差变异的4.4%，不再能显著预测攻击破坏维度的变化。这表明，心理理论的贡献部分可以由气质来解释，也表明它的预测作用小于气质的作用。

表 7.22　攻击破坏维度得分对年龄、心理理论和气质的层级回归分析

模型 1			
变量	ΔR^2	F 变化	P
Step 1：年龄	0.016	1.41	0.23
Step 2：心理理论	0.124	3.04	0.02
Step 3：气质	0.353	10.98	0.001
模型 2			
变量	ΔR^2	F 变化	P
Step 1：年龄	0.016	1.41	0.23
Step 2：气质	0.433	13.06	0.001
Step 3：心理理论	0.044	1.69	0.16

注：心理理论变量进入回归方程的包括位置改变任务、意外内容任务、情绪识别和基于信念和愿望的情绪理解得分。气质变量包括情绪性、活动性、反应性、社会抑制和专注性维度。

四　讨论

本研究考察了 3—5 岁儿童的社会行为与心理理论以及气质的关系，结果表明，社会行为各维度与气质存在显著相关，且气质可以显著预测幼儿的社会行为。幼儿的心理理论能力和攻击破坏行为存在一定相关，但是心理理论对幼儿社会行为的预测作用可以由气质的作用来解释。

儿童的错误信念理解、情绪识别、基于信念和愿望的情绪理解与年龄存在显著相关，表明该年龄段儿童的心理理论能力随着年龄增长不断发展。儿童的亲社会行为和心理理论相关并不显著，这个结果和刘明等（2002）的结果是不一致的。心理理论测试得分对亲社会行为的预测作用也不显著，儿童的亲社会行为可能不依赖于对他人信念和情绪等心理状态的理解。反过来说，即使理解了他人的心理状态，儿童也未必一定表现出亲社会行为。儿童的攻击破坏行为和错误信念理解的意外内容任务得分存在显著正相关。心理理论测试得分可以显著地预测攻击破坏行为，这个结果是与史密斯和博尔顿（Smith & Boulton，1990）的观点以及王益文等人（2004）的部分结果是一致的。表明幼儿的攻击破坏行为可能具有一定的心理理论能力基础。

本研究发现，儿童的亲社会行为、攻击破坏行为和害羞退缩行为与气

质有密切的关系。反应性和专注性可以显著地正向预测儿童的亲社会行为，情绪性显著负向预测亲社会行为，情绪性和活动性可以显著地正向预测儿童的攻击破坏行为，社会抑制性显著地正向预测害羞退缩行为，专注性显著地负向预测害羞退缩行为。本研究结果与以前有关气质和社会发展关系的观点是一致的，即气质对社会性发展有重要的影响（刘文，2002；Sanson, Hemphill & Smart, 2004；Rothbart, 2005；Fox & Henderson, 1999）。情绪性反映了儿童在日常生活中的积极和消极情绪，以及如何适度地表达自己的情绪。活动性反映了儿童日常生活中活动的强度、时间和速度。积极情绪与亲社会行为相联系，而消极情绪与攻击破坏行为相联系。活动性强的孩子，喜欢与其他儿童交往，但是该年龄段儿童的自我控制力又比较差，精细动作还处在发展中，所以他们也更容易出现一些破坏性行为。这说明，该年龄段儿童的社会行为在一定程度上带有较强的气质特征。桑森、亨普希尔和斯玛特（Sanson, Hemphill & Smart, 2004）认为，气质和社会性发展存在紧密联系，消极反应和外在的问题行为，抑制问题和内在的问题行为存在一定联系。

儿童的气质是如何影响社会行为的呢？刘雯和杨丽珠（2000）认为，儿童不同的气质特点影响父母和教师的反应方式，也就是说，对不同气质特点儿童的相同行为，父母和教师会做出不同的反应。家庭和学校采取的适应儿童气质特点的教育方式反作用于儿童的心理和行为发展。尤其是学前阶段的儿童，其社会性发展还处于刚刚起步阶段，其社会性行为更容易受到气质的影响（Sanson, Hemphill & Smart, 2004）。另外，本研究发现，反应性显著正向预测幼儿的亲社会行为，说明在幼儿园同伴交往中，若儿童对他人的语言和行为比较敏感，则容易出现分享、安慰和帮助行为。社会抑制性强的幼儿则更容易出现害羞退缩行为，虽然对于中国儿童来说，害羞与退缩并不一定是消极的社会行为，但是，害怕、胆怯和拘谨可能对儿童参与社会性活动和进行人际交往不利。

研究采用层级回归分析发现，心理理论对3—5岁幼儿社会行为的作用大部分可以由儿童的气质进行解释，这是本研究新的发现，也延伸了以前研究的结果（Smith & Boulton, 1990；王益文等，2004），进一步补充了对心理理论和幼儿社会行为关系的认识。这个结果可以从以下几个方面进行解释。第一，该年龄段儿童的社会行为与气质特征存在密切关系，行为的个别差异反映了幼儿的气质特征。第二，儿童的心理理论能力发展是社会性发展的一方面，在学前期，儿童对抽象的心理状态具有初步的理解能力，但是，仍处于非常简单和朴素的阶段，而自觉和自动地应用心理状态推理的逻辑指导行为的能力则比较弱（Birch & Bloom，2004）。第三，儿童的气质特征和心理理论有一定关系。威尔曼等人（Wellman，Lane，LaBounty & Olson，2011）发现儿童观察敏锐和遵守规则的气质特征可以预测心理理论的发展。弗拉维尔（Flavell，2001）也指出，心理理论对社会行为具有重要的作用。我们认为，在不同年龄段，心理理解能力和社会行为的关系模式是不同的，比如，青少年对他人心理状态的理解相对成熟，而且逐渐与个人的人格特质相联系，那么在社会行为表现上，会更多地考虑到别人的感受和社会的要求。托德和狄克逊（Todd & Dixon Jr，2010）研究发现，气质是影响 11 个月婴儿参与联合注意的中介因素。活泼和反应性强的幼儿容易参与他人的注意活动。气质和联合注意影响到语言，而语言对心理状态理解和社会行为发展均有重要的作用（Dixon & Smith，2000；Morales，Mundy，Crowson，Neal & Delgado，2005；Milligan，Astington & Dack，2007）。

五　结论

儿童的亲社会行为、攻击破坏行为和害羞退缩行为与气质特征的各维度均存在显著的相关，在 3—5 岁阶段，心理状态理解与攻击破坏行为关系密切。气质特征可以预测儿童的社会行为，心理状态理解能力对儿童社会行为的预测作用可以由气质特征解释。

第五节　师生对话交流与心理理论关系的初步探讨：质的分析

一　问题的提出

儿童的心理理论发展与家庭环境和社会环境存在密切的联系。从前面章节可知，近年来，关于家庭环境对心理理论发展的影响已有许多研究成果，例如，幼儿与兄弟姐妹之间的交流、亲子交流和使用心理状态术语影响到儿童对他人心理状态的理解。北京大学心理学系的苏彦捷教授及其研究小组发现，在中国文化情景下，母亲和儿童对行为的交流和谈论可以提高儿童的心理理论测验成绩（见苏彦捷、刘艳春，2012）。

但是，目前在中国很多家庭特别是城市家庭，也包括发达地区的很多农村家庭，儿童在2岁多时就被送到幼儿园或者托儿所等幼教机构。一方面的原因是，很多父母工作比较忙，没有精力或时间照看孩子，另一方面，近年来随着幼教事业的发展，增加了很多幼教机构，能够接纳更多的孩子进入幼儿园或托儿所。儿童在进入小学以前大部分时间生活在幼儿园，相处的对象更多的是老师和同伴。有研究表明，与年龄较长的同伴交往更有利于促进幼儿心理理论能力发展。幼教老师和同伴应该在儿童心理理论发展中起着更加重要的作用。可是，目前关于教师对幼儿心理理论发展的影响研究很少。

有一些研究表明，教师和儿童的社会交往影响到儿童的心理理论发展。例如，在教学中，学生是否考虑到教育者的知识状态可能影响到知识教学的效果。比如，儿童在词汇学习中，考虑到教学者是“知道者”还是“未知者”对学习效果的影响是不同的。如果儿童知道了教师是“知道者”，则效果较好。但关于师生对话交流质量与儿童的心理理论发展之间的关系，尚未看到有针对性的研究。很多研究者认为，提高师生（幼）对话交流的质量对于提高教育质量非常关键。随着幼教改革的深入和教育观念的更新，很多教师意识到，积极有效的师幼互动对促进幼儿身心健康发展具有重要意义。师生（幼）互动指的是教师与幼儿在教育、教学活动和生活中的交互影响。在师生（幼）互动中，教师营造的交流氛围、情感投入、语言技巧、行为态度和行为方式非常重要。教师在与幼儿的互动中投入的情感、使用的语言以及行为方式等方面对幼儿的心理发展具有重要的影响。本研究试图通过质的分析，从师生（幼）对话交流的角度考察教师对儿童心理理论发展的影响。

教师和幼儿的关系中，教师作为成人和教育者，对建立和谐平等的师生对话交流环境起着关键作用。首先，教师控制着交往水平和对话交流的主动权，教师的观念和做法直接决定了对话交流质量。其次，教师从知识、情感和动机上所能提供的资源的多少和质量决定了师生（幼）对话交流的质量和水平。最后，作为教育者的教师，其知识、情感和语言本身就是一种教育媒介。另外，要提高教育质量，促进幼儿身心健康发展，教师参与度也是衡量教师和幼儿对话交流质量的重要内容。

本研究采用访谈和问卷法，收集师生（幼）互动对话交流质量的资料，考察师生互动对话交流中可能影响儿童心理理解能力发展的因素，以初步探究在中国学前教育环境中师生互动与心理理解之间的关系。

本研究的主要内容包括：（1）编制师生（幼）幼对话交流质量问卷，收集师生（幼）对话交流质量的资料，（2）初步考察师生（幼）对话交流活动中与幼儿心理理论发展有关的因素。

二　研究方法

（一）被试者

从某幼儿园选取 36 名幼儿教师作为访谈和调查对象，全部为女性，其中年龄最大者 47 岁，最小者 24 岁。工作年限最长 27 年，最短 3 年，平均 12 年。全部为负责学生教学和管理的现任教师。

（二）研究过程

采用半结构化访谈、问卷法和现场观察技术收集资料。首先结合国内外关于师生对话交流的有关理论和调查资料，根据心理理论发展与学校环境关系的理论构思，编制访谈提纲。根据教师的反映，对访谈问题进行适当增删。另外，选取其中一些教师的实际教学场景和师幼交流场景进行录像。

访谈由发展心理学专业的 6 名硕士研究生实施，在访谈进行前，由经验丰富的研究者对访谈者进行技术培训，明确访谈要求。把访谈问卷发给受访教师，由教师在空闲方便的时候对问卷中的问题进行详细回答。结合访谈材料和问卷材料，最后整理出完整的资料。

（三）资料编码和分析

采用质的分析方法对获取的资料进行处理。根据本研究的理论构思，与儿童心理理论发展密切相关的内容分为四个方面：儿童心理发展的知识，教师和儿童关系的认识（态度），语言和行为表达，情感和情绪的投入。对访谈和问卷测验得来的文本材料按照语义表达以句子为单位进行归类整理和分析。根据研究主题，对文本内容采用类属分析法进行编码，在编码中忠实于访谈对象的原有语言，提炼出共同的概念，形成一级编码。然后根据一级编码所获概念之间的关系，发展出类别，形成二级编码，对于不同的内容经过研究者讨论达成一致。

三 结果和分析

（一）访谈文本的句子语义单元的归类整理结果

选择师生交往中以下几个主要问题进行分析。即交流的时间和地点，交流的内容，影响到教师和幼儿交流的因素，师生交往的方式，以及如何处理幼儿之间的矛盾和冲突。

1. 交流地点和时间

在幼儿园，教师和幼儿共处的场合、时间点主要包括入园时和离园时、上课时、就餐时和游戏时。一般在入园和离园时，教师与幼儿的交流多限于打招呼，因为幼儿入园、离开时，一般由家长陪同，教师迎接或者送走幼儿，很难与幼儿有充裕时间进行更多交谈。从调查结果看，教师很少选择这个时间段与幼儿交流。选择较多的包括两个时间段，即上课或游戏时。也有个别老师选择就餐时，但就餐时主要交流的对象是那些就餐不顺利或者有情绪问题的孩子。这也是教师和儿童进行集体活动的时间段。教授知识、集体活动和处理幼儿之间的问题，也主要是这个时间段完成的。教师要调整好这个时间段的认知状态和情绪状态，提升与幼儿交流的质量。

2. 儿童和教师交流的内容主要反映在哪些方面?

从教师回答内容的关键词来看，幼儿与教师主要交流的内容包括：家里的事情；自己感兴趣的事情；与老师、同伴（告状居多）和父母的交往；日常生活内容；自己的生活经历。这些内容主要是幼儿主动与老师分享的话题，其中，教师主动与幼儿交谈的内容，主要是在常规生活方面。例如，教给幼儿一些生活的常识，主要反映在日常活动中，多发生在就餐、上课、洗漱、上厕所的时段。可以看出，幼儿与教师交流的内容，主要涉及交往情境中发生的事情，幼儿在生活中观察到的事情。例如，幼儿会和老师谈到，昨天父母带他/她去了什么地方，和他/她说了什么。这种交流就是在转述第三人称的观点。幼儿之间发生了矛盾，会找老师告状。老师处理这种事情，通常涉及幼儿之间的人际关系，例如，教育儿童过程中经常涉及如何理解他人，如何与别人相处。

3. 儿童的哪些特点会影响到他们与教师的交流？

教师的回答主要集中在三个方面，即幼儿的性格、言语能力、注意力。活泼好动的孩子，容易与老师交流，比较内向的孩子交流偏少。小班的孩子交流偏少，中班到大班，幼儿与教师的交流逐渐增多。言语表达能力较强的孩子与教师的交流偏多，而不爱说话的或不善表达的孩子与教师交流较少。注意力不集中表现为，教师在与幼儿交流中，无论是课堂还是游戏情境，幼儿不能集中注意力，就会导致沟通很难开始或者容易中断。教师要在交流中采用生动活泼的形式或者利用生动的语言，以唤起和吸引幼儿的注意力。

4. 教师在表情、语气、姿势等方面应该注意些什么？

在姿势、表情、语气等方面，教师提出了很多自己的想法。从姿势上看，出现最多的是姿势规范、蹲下讲话、可以稍微夸张，给予必要的拥抱。反映出幼儿园教师要与幼儿以平等的姿态说话，适合幼儿的身心状况，同时为幼儿树立好的榜样。从语气上看，要温和、缓慢、起伏，教师说话要从语气上给儿童一种安全感。从表情上说，教师提出最多的是表情丰富和微笑。

5. 当孩子不能及时回答老师提出的问题或没有反应时，教师应该怎么说怎么做？

教师应该采取的策略包括：重复问题、鼓励、提示、换一种方式提问、问其他小朋友、等待。教师普遍意识到幼儿的心理、知识状态、情绪、自尊和自信在教育中的重要性。例如，有老师认为，“当孩子不能及时回答老师提出的问题或者没有反应时，我认为老师应该先让幼儿好好想想这个问题，并让别的幼儿帮助回答，再鼓励幼儿回答一次这个问题，让幼儿增强自信。”“等待（鼓励幼儿把老师提出的问题说出）；提醒幼儿问题的答案，并与幼儿共同说出。”“提高声调让孩子注意力集中，或者换一种方式表达，例如，用孩子们感兴趣的话题来引出问题。”“先稳定情绪，鼓励不要着急，再想一想，相信你可以回答，你很棒的。让其想一想，很多孩子会在冷静的几秒钟放松自己。可以让幼儿适当静下心来想一想回忆一下，等一下再提问。”“给幼儿一定的鼓励或者提醒，让幼儿获得自信心，从而动脑筋想问题；请其他幼儿说出答案，提醒这位幼儿记住问题的答案。不否定他的答案，但会给予正确答案，让他模仿。”在师幼交流中，教师准确了解学生当前所处的知识状态、信念、情绪等，采取合适的方法和策略促使沟通顺利进行下去非常重要。

6. 处理儿童之间出现的矛盾。

儿童在幼儿园环境中要学会面对和处理同伴之间发生的矛盾冲突。在人际交往中，学会处理冲突的技巧，掌握交往的规则，体验社会性情感，是幼儿社会性发展的重要内容。在这个过程中，幼儿会经历到冲突所带来的情感和情绪体验，同时也会逐渐体会到他人所产生的情感和情绪体验。幼儿遇到同伴之间发生的冲突时，经常会诉诸老师，也就是常说的“告状”。教师如何处理幼儿之间出现的矛盾会影响到幼儿的情感体验、对社会规则的理解以及对他人心理状态的理解。

教师在对这个问题的回答中，提到了幼儿的冲突表现类型、解决问题的方法和考虑的因素。幼儿的冲突主要表现为肢体、语言和情感三种形式。冲突的原因包括碰撞、抢玩具等。虽然很多教师没有详细说明冲突发生的原因，但是几乎都提到，教师在解决幼儿的冲突中，首先需要询问冲突的原因，然后采取不同的方法和策略来解决冲突问题。采取的策略包括：适度干预、调解、讲明道理、开集体讨论会、交流情感。其中，要求幼儿自己和解、道歉是教师普遍认为比较好的方法。我们可以看到，教师对解决冲突的理解，较为深刻地考虑到幼儿的心理状态和情感因素，考虑到要求幼儿理解他人。从策略上来说，教师不是采用生硬的干涉和仲裁，而是让幼儿明白道理，自己解决问题。

（二）现场录像分析

我们主要针对课堂教学情境、就餐情境中教师和幼儿的互动情况进行分析。首先对教师的课堂教学活动和幼儿就餐情境中的录像资料进行编码，一级编码主要包括语言形式和内容、情感和情绪的沟通、交流的方式和方法。二级编码：语言的形式和内容包括称谓、心理状态术语、情感类词、补语句法的使用。情感和情绪的沟通主要包括情感情绪表露的次数、幼儿的主动沟通，赞扬鼓励的方式和次数。交流的方式和方法主要包括倾听时间、轻拍与抚摸的次数、蹲下说话的次数。表 7.23 为两种互动情境中的视频脚本编码分析内容，包括一级编码、二级编码和示例。该分析表是我们根据有关幼儿园环境质量评估、交流互动理论和心理理论研究的有关文献分析，经过研究小组依据前面的调查问题和理论构思提出的。

表 7.23　上课、就餐情境中教师和幼儿互动交流视频脚本编码分析表

一级编码	二级编码	语言或行为示例
语言形式和内容	称谓	“姓名”，“你”，“那位同学”，“小朋友”等
内容	心理状态术语	使用认知状态术语“认为”、“觉得”、“想”、“知道”、“了解”、“感到”等的次数
	情感词的使用	“难过”、“悲伤”、“高兴”、“兴奋”、“自豪”等
	补语句法的使用	使用“我认为你在课堂上不应该随便说话”、“我觉得他受了委屈”、“他说……”等类似句子的次数
情感和情绪的沟通	情感情绪表露的次数	生气、高兴、愉快、难过等
	幼儿的主动沟通次数	课堂上幼儿主动发言、举手、主动与老师讲话、提问问题等的次数
	赞扬鼓励的方式和次数	与幼儿击掌表示奖励；拥抱；语言赞扬
交流的方式和方法	倾听时间	一次对话交流过程中老师的倾听时间（包括等待）
	轻拍和抚摸的次数	老师表示友爱或慈祥地轻拍和抚摸幼儿身体部位，如肩和头等
	蹲下说话的次数	在互动交流中老师蹲下身，与幼儿的视线保持平行

上课的视频录像材料共 4 次课，分别是两次英文课，一次语文课和一次数学课。英文课教学情境中，教师使用英语进行教学，不作为编码分析的材料。最后分析的上课时间共 18 分钟，就餐时间 30.39 分钟，总时间 48.39 分钟。每次课堂共有两位老师，其中一位老师为主要授课教师，另外一位为助手，协助维持课堂秩序以及照顾幼儿。选择的课堂均为中班课堂，编码的时间为课堂开始 2 分钟后到结束前 1 分钟。选择中班幼儿进行就餐情境观察录像。由 3 位研究人员对视频录像材料进行仔细观察和记录，先有 2 位研究者进行事后独立观察和转录，然后对文本材料内容进行独立编码，之后如果有差异，再由第三位研究者进行编码，如有分歧，与另两位研究者协商取得一致。记录点主要包括表 7.23 中的二级编码。

表 7.24 为编码分析结果。编码以一个独立句子为单元，如果一个编码成分（如使用称谓“你”）出现在一个句子里做主语，则记一次；如果在同样一个句子里，但它是作为不同成分出现的（例如，“你”作为宾语

或“你的”作定语），则记作一次。

表 7.24　上课、就餐情境中教师和幼儿互动交流视频脚本编码分析结果

一级编码	二级编码	语言或行为示例
语言形式和内容	称谓	提到幼儿姓名 42 次；使用称谓“你”60 次（含四次出现在讲述的故事中），有 56 次指代幼儿；使用“同学”2 次；使用“小朋友”32 次；使用“你们”17 次；“乖乖”2 次，“宝贝”1 次；提到“我”33 次；“他/她”15 次
	心理状态术语	使用认知状态术语“认为”0 次；“觉得”1 次；“想”10 次（有时表示愿望）；“知道”1 次
	情感词的使用	“开心”1 次；“喜欢/不喜欢”2 次
	补语句法的使用	使用“某某说 + 补语句法结构”的句子 8 次；使用“我觉得 + 补语句法结构”句子 1 次
情感和情绪的沟通	情感情绪表露的次数	情感表露一般是严肃、微笑、开心或者假装生气
	幼儿的主动沟通次数	课堂上幼儿始终都主动发言、举手、回答问题。老师没有提问到的幼儿也主动回答，甚至在别的幼儿回答中插话。幼儿告状 1 次，老师解决冲突 1 次
	赞扬鼓励的方式和次数	与幼儿击掌表示奖励 7 次；拥抱 1 次；语言赞扬 11 次
交流的方式和方法	倾听时间	在课堂或就餐时间，师生对话交流大多是老师提问问题，幼儿回答问题。师生一对一的对话交流大多很短，仅几秒钟。只有 1 次教师解决幼儿冲突，时间 32 秒
	轻拍和抚摸的次数	老师表示友爱或慈祥地轻拍和抚摸幼儿身体部位，如扶肩、摸肩膀/头、拥抱、牵手等 48 次
	蹲下说话的次数	在互动交流中老师蹲下身 2 次，弯下腰 28 次

从语言形式和内容上来看，教师使用的称谓，较多的还是名字和代词“你”。有时候使用“小朋友”，但一般不针对个人而言。在交流中经常提到“我”和“他”等别人的情况。这是与已有研究的资料比较相符的，即在中国家庭和学校里，父母和教师与幼儿的交谈沟通会较多地提到他人。关于使用心理状态术语的情况，分析发现，教师和儿童使用认知状态动词较少。使用交流动词“说”的情况相比来说多一些。使用“知道”一词大多情况下表示“知识状态”。情感词的使用较少。教师在课堂上也使用一些补语句法结构的句子，但主要是以交流动词“说”为主动词的语言形式。这也与已有的关于中国家庭和社会环境中成人和幼儿交流的实际情况相符。从情感和情绪的沟通上看，教师和儿童展现比较多的情绪状态主要是平静和愉悦。师生的互动在上课和就餐情境中都比较积极活跃。

四　讨论

本研究对幼儿园环境中师生（幼）互动交流质量和心理理论发展的关系进行了初步探讨。对教师进行的半结构化访谈，主要用于了解教师对幼儿园环境中师生沟通的地点、时间、注意事项、影响沟通效果的因素等的认识。第二部分主要是观察和分析在课堂、就餐和游戏活动中师生交流的实际情况。通过分析发现，幼儿园教师在理解师生沟通的本质，掌握基本的交流原则和技巧上，有比较准确的认识。第二部分的录像分析发现，教师在教学活动、幼儿就餐过程中，能够以儿童为主体，充分调动儿童的积极性。考察了师生交流中与心理理论发展密切相关的因素，例如，语言表达、处理幼儿之间冲突的策略、情绪感受表达等。

从总体上看，师幼之间的交流涉及与儿童心理理论发展密切相关的一些因素，主要包括交流内容、主动性、儿童的语言表达、情感和情绪状态、师幼之间的心理感知、幼儿同伴之间的心理感知、矛盾冲突和解决、教师心理状态语言的使用。从交往情境观察材料分析，儿童有一定的语言表达，但儿童的语言表达能力存在差异。恰当地表达情绪对儿童的心理理论发展是有帮助的，但也许是因为现场录像，被观察者（主要是教师）受到社会称许性的影响，观察材料可能与实际状况有一定的差异。教师不能仅限于注意到幼儿的表面现象，还要针对知识状态、性格、气质特征和当时情绪，对幼儿的心理状态进行准确地感知。同伴之间的交往，对幼儿的心理理论发展也具有非常重要的作用。目前很多城市儿童属于独生子女，教师积极有效地处理好儿童之间的矛盾和冲突，对儿童理解他人的心理状态非常重要。教师在交流中有一定的心理状态术语和情感状态词，但表达自己和他人的心理状态和认知状态的句法较少。

儿童获得心理理论能力是一种社会认知功能的发展，它对个体完成社会化过程非常重要。首先，人类个体总是处于一定的社会环境和人际环境中，必须要与他人产生一定的联系，正确处理好与他人的关系是正常社会生活的要求。人的行为总是有原因的，而行为的心理机制常常是内隐的、复杂的，儿童只有逐渐发展出理解他人复杂心理状态的能力，并且可以在生活中对他人的行为进行合理的心理状态归因，才能适应社会生活。其次，儿童所处的环境有助于儿童发展心理状态理解能力，表明这种社会功能是可以培养的。在学校环境中，教师是儿童交往的主要对象，教师的知识、情感、语言和人格都对儿童心理的发展产生重要的影响。教师应该把培养儿童的心理理解能力作为一个重要的教学目标。最后，教师应该认识到，一旦儿童的心理理解能力发展出现问题，就会影响他们的学习和生活。例如，有些孩子不能理解老师的感受和状态，对老师的要求产生不正确的知觉，从而影响其心理感受、自尊、信心以及心理健康。

儿童心理状态理解能力的发展也存在个别差异，这也是学生个别差异的一个方面。大多数正常发展的儿童到了一定年龄，其认知发展和社会认知功能处于一个正常的范围之内。比如，大多儿童到了4—5岁，可以理解他人的错误信念，就像到了一定年龄可以完成“守恒”任务一样。但是，并非所有儿童的表现都是相同的，也就是说，儿童仍然存在个别差异。教师在教育也应该充分认识到儿童在这个方面的个别差异，并根据因材施教的教育院长进行教育。

儿童的“共情”能力也是心理状态理解能力的表现之一。它实际上是一种情绪的观点采择能力，儿童从最初仅观察到他人的情绪表现并做出反应，发展到能够把他人的情绪同引起相应情绪的刺激事件联系起来。能够体验到他人的情绪，对儿童培养亲社会行为非常重要。凡事不以自我为中心，能够站在别人的立场考虑问题。作为和谐社会的公民，这也是一种基本的道德观念，而这种观念建立的基础和核心便是这种“共情”能力。

心理学家提出了一些理论来解释儿童心理状态理解能力的发展。有些心理学家把它看作社会学习的结果，比如，从模仿他人心理的过程中理解心理状态。有些研究者把它看作是个体先天所具有的一种心理机制，即存在一些先天的神经模块，随着后天的发展逐渐成熟，表现出人类所特有的心理状态理解能力。也有研究者认为，心理状态理解能力是一种朴素的概念框架，或由愿望和信念等组成的一个系统，使人可以预测和解释行为，就像我们为了理解大自然，而拥有一些朴素的物理观念一样，同样我们为了理解社会，而拥有一套心理系统。这些有争议的理论观点各有其特色和实验证据的支持。但是，心理理解能力是可以通过训练而得到发展的，并与其他认知能力存在着相互联系。教师不但要在与心理理论发展有关的方面提高认识，而且应该有意识地对儿童进行训练和培养，以促进儿童心理状态理解能力的发展。

五　对幼儿教育的启示

儿童的社会认知发展是个体发展的重要内容，包括对他人的知觉和对社会的认知。培养儿童的心理状态理解能力或“读心”能力应该作为一个教育和教学实践的目标。现代社会要培养德智体全面发展的创新型人才，这样的人才也一定是适应社会环境和善于改造环境的人，是心态和谐、善于合作的人。一个与他人和社会不和谐的人，很难处理好人际和社会关系，更难谈得上与人合作，并适应社会发展要求。无论是学前教育、普通学校教育抑或是家庭教育，都应该充分重视和加强心理理解能力的培养，培养“共情”能力。促进学生理解自己或他人的心理状态，减少心理冲突，避免人际伤害，消除心理积怨，简化人际矛盾。通过教学过程，培养学生理解心理状态的能力，也应该作为教学的一个目标。

第六节　心理理论发展与同伴交往能力和语言发展

一　问题的提出

过去数年来，心理理论能力发展研究主要探讨学龄前儿童如何理解他人的情绪、愿望、信念等心理状态。7—8 岁之后，儿童对心理状态的理解进入了解释性心理理论发展阶段。这种解释性心理理论表现出和学龄前不同的特征，比如，在对他人心理状态理解中增加了自我主观性的解释。博萨斯基和奥斯汀顿（Bosacki & Astington，1999）测验了六年级儿童（平均年龄 11 岁 9 个月，年龄范围 10 岁 9 个月到 13 岁 2 个月）的心理理论能力，交往技能和词汇理解。结果发现排除了词汇能力后，儿童的心理理论总分和同伴评定的社会技能之间存在正相关。斯通、巴伦－科恩和奈特（Stone，Baron-Cohen & Knight，1999）提出了失言探测与理解任务（Faux Pas detection and understanding task），以测量年龄稍大的儿童以及成人对情绪、愿望和信念的理解。它主要测量儿童是否认识到在一个社会情境中，有人说了不应该说的话，以及对他人的情绪带来的影响，其中包含儿童对认知成分和情感成分的理解。巴伦－科恩等人（Baron-Cohen et al.，1999）测查了 59 名 7 岁、9 岁和 11 岁儿童失言探测与理解能力的发展，结果发现，9—11 岁的儿童可以探测并理解他人的失言。很多研究使用失言理解作为高级的心理理论测试任务。王彦和苏彦捷测试了我国 5—8 岁儿童的失言理解，她们发现，8 岁儿童还不能很容易地理解失言中的情感成分和认知成分。失言理解任务为我们进一步了解学龄后期儿童心理理论的发展状况提供了可靠的测验方法。

研究者发现，儿童的心理理论能力发展与其他因素（如语言、社会交往等）存在密切的关系。例如，奥斯汀顿和詹金斯（1999）发现，2—3 岁时的语言能力影响儿童在 4 岁左右理解错误信念的能力。沃森等（Watson et al.，1999）探讨了 3—6 岁幼儿同伴交往技能和心理理论能力的关系，发现在排除了年龄和语言能力的作用之后，错误信念理解分数和教师评定的社会技能之间存在中等程度的相关，错误信念理解成绩可以预测和解释社会技能的成绩，他们认为心理状态的理解对社会交往技能起着重要的作用。拉隆德和钱德勒（Lalonde & Chandler，1995）认为，与心理理论相关不显著的社会技能是那些仅需要普通的社会规范知识的社会技能。但是，7—8 岁儿童在理解二级错误信念之后，心理理论和社会技能之间的关系如何，还缺乏相关研究资料。

在学龄后期，心理理论和社会技能之间的关系可能是双向的。心理理论可能会促进社会交往技能的发展，而社会交往技能的进一步发展反过来促进心理理论能力的发展。很多研究表明，心理理论和语言之间存在正相关关系，而语言既是社会交往的重要工具，又在心理理论发展中起着重要作用。本研究以学龄后期儿童为研究对象，主要考察心理理论发展和社会交往技能之间的关系，以及语言能力是否在心理理论能力和社会交往技能之间起着中介作用，从而构建学龄后期儿童的心理理论、社会交往技能和语言能力之间的关系模式。本研究采用失言理解任务衡量儿童的心理理论能力，采用同伴评定法衡量儿童的社会交往技能。

二　研究方法

（一）被试者

小学 3—5 年级学生共 92 人参与了本实验。其中 3 年级、4 年级和 5 年级各一个班。其中，3 年级儿童 32 人，平均年龄 9 岁 4 个月，标准差 6.02 个月；4 年级儿童 29 人，平均年龄 10 岁 2 个月，标准差 6.68 个月；5 年级儿童 31 人，平均年龄为 11 岁 3 个月，标准差为 7.5 个月。其中 8 岁年龄段有 13 人，主要分布在 3 年级，9 岁年龄段有 28 人，主要分布在 3、4 年级，10 岁年龄段有 32 人，主要分布在 4、5 年级，11 岁年龄段有 20 人，主要分布在 5 年级。其中男生为 52 人，女生为 40 人。所有被试者智力正常，根据老师报告，没有心理或生理异常现象。

（二）测量

1. 失言理解测量

失言理解常被用来测量 8—12 岁儿童的心理理论能力。在测试中，给被试者阅读一个简短故事，之后伴随一些测试问题。测验采用图片—故事法，即给被试者讲故事的同时呈现图片，之后要求被试者回答 5 个问题，其中包括 4 个测验问题，1 个记忆控制问题，控制问题不记分。本研究使用“水晶苹果故事”。故事内容是：“小丽给她的朋友小倩买了一个水晶苹果作为生日礼物。小倩的生日宴会上，有许多人送给他礼物。后来，小丽到小倩家做客，不小心把水晶苹果打碎了。小倩看到后，说：‘不用担心，我从来就没喜欢过它，不知道谁在我生日时送给我的’”。讲完故事之后询问被试者下列问题。

问题 1：小丽给小倩送了一个什么礼物？主要测量被试者对事实的理解和记忆。

问题 2：有没有人说了不应该说的话？

问题 3：谁说了不应该说的话？这两个问题测量认识论的心理状态。

问题 4：为什么他/她不应该这么说？主要测量被试者对人物的情绪

理解。

问题5：为什么他/她会这么说？主要测量被试者对人物意图的理解。

对于被试者的回答进行记录和编码。对于问题2，如果被试者回答“有”，则计为正确。对于问题3，如果被试者回答“小倩”，则计为正确。对于问题4，如果被试者回答“小丽会伤心或难过”，则计为正确。对于问题5，如果被试者回答为“不记得或不知道是小丽送的”或“为了不让小丽因为打碎了水晶苹果而难过”等，则计为正确。问题1和问题2根据被试者是否能够准确回答记分，答对记1分，答错记0分。本测试采用王异芳、苏彦捷等使用的计分方式。当被试者不能正确回答问题2时，主试就直接询问控制问题。正确回答问题2、3分别记1分；正确回答问题4记2分，如果没有正确回答，继续问被试者“小倩这样说，小丽会很伤心吗？”正确回答记1分，不能正确回答记0分；正确回答问题5记2分，如果没有正确回答，继续问被试者“小倩记得/知道苹果是小丽送的吗？”正确回答记1分，不能正确回答记0分。得分范围为0—6分。

2. 社会技能测量

儿童的社会交往技能采用同伴评定法进行测量。同伴评定社交技能的测验方法具有较高的信度和效度。研究者认为，这种测量比教师对儿童社交技能评定更为有效和准确。给每个被试者提供2个社会故事情境，并把全班学生的名单打印好，让儿童对照名单，评价每个同学能够把这些事情处理得有多好。例如，看望老师情境：“学校里一个老师病了，现在大家要派一个学生代表，带着花去看望老师。并表达同学们对老师的关切和问候。你认为你们班的每一位同学能把这件事情处理的有多好，在表上圈出来。”在读完故事后，针对每个同学处理这些事情的能力，在一个利克特（Likert）5点量表上，为班内每个同学进行评定。从1到5分别表示很差、差、一般、好、很好。得分越高，说明处理问题的社会技能越强。对每个同学的社交技能的等级评定采用众数计算最后得分。把每个被试者在2个故事中的得分相加，得到一个总的成绩，表示每个被试者的社交技能得分。按照原始分进行统计分析。

3. 语言测量

采用韦氏儿童智力量表中的语言分量表进行测量。分量表包括常识、类同、词汇、理解和算术，用来测量被试者的语言能力。最后计算语言分量表总分。

4. 程序

实验由发展与教育心理学专业教师和研究生负责完成。主试在进行测验前接受培训。共分两次，第一次完成社会技能测量，测验方式为集体施测，在班级内由班主任配合实验者完成。对被试者宣读指导语，并要求严格按照指导语完成测验。对于不符合要求的学生答卷安排重新做。完成时间大约30分钟。第二次完成失言理解和语言测量，测验方式为个别施测，实验在一间安静房间内完成。两个任务共花费时间大约45分钟。实验结束，付给被试者一定量的报酬。

语言和失言理解测量均有两个人独立对被试者的回答进行编码和判断计分，对于不一致的内容商量之后确定。所有数据采用SPSS软件进行录入和统计。

三　结果和分析

（一）所有被试者各项测量的描述统计

表7.25表示所有测量项目的平均数和标准差以及得分范围。有6个被试者在社会技能测量的第一个故事或第二个故事中，缺少一次评定。该缺失值使用本班同学平均值代替。失言理解测量的评定，分别由两个评分者独立评定，评分者一致性系数为 $r=0.91$。社交技能的评定，每个被试者在两个故事中的评定得分，相关系数为 $r=0.93$，$p<0.001$。

表7.25　各年级被试者在各项测量上的得分平均数（标准差）和范围（N=92）

	平均数（标准差）				范围			
	3年级	4年级	5年级	总计	3年级	4年级	5年级	总计
社交技能得分	6.08 (2.83)	6.40 (2.10)	7.26 (1.82)	6.57 (2.33)	2—10	2—10	3—10	2.0—10.0
失言理解得分	3.00 (1.81)	3.93 (1.36)	4.03 (1.22)	3.64 (1.55)	0—6	0—6	0—6	0—6
语言得分	79.31 (14.93)	93.86 (12.44)	105.13 (12.92)	92.60 (17.16)	51—117	72—120	76—126	51—126

（二）各项测量的年级差异和性别差异检验

首先对被试者各项测量，按照年级进行差异检验。三个年级的年龄两两之间存在显著差异，$ps < 0.001$。以社交技能得分为因变量，以年级为自变量，年龄作为协变量，进行协方差分析（ANCOVA），结果表明，三个年级的社会技能之间差异没有达到显著性水平，$F(3, 88) = 1.44$，$p > 0.05$；偏 $\eta^2 = 0.05$。以失言理解成绩为因变量，以年级为自变量，年龄作为协变量，进行协方差分析（ANCOVA）发现三个年级的失言理解成绩差异显著，$F(3, 88) = 3.36$，$p = 0.02$，$\eta^2 = 0.10$。事后检验（Scheffe）发现，3 年级和 4 年级差异显著，$p = 0.05$；3 年级和 5 年级差异显著，$p = 0.02$。4 年级和 5 年级之间没有显著差异。以语言得分为因变量，以年级为自变量，年龄作为协变量，进行协方差分析发现，三个年级的语言得分差异显著，$F(3, 88) = 18.96$，$p < 0.001$，偏 $\eta^2 = 0.39$。事后检验发现，3 年级和 4 年级、5 年级之间差异显著，$p < 0.001$，3 年级和 5 年级差异显著，$p = 0.02$，4 年级和 5 年级之间存在显著差异，$p < 0.01$。

方差分析发现，总体上男孩和女孩之间仅在社交技能上存在显著差异，$F(1, 90) = 15.87$，$p < 0.001$。男孩平均得分为 5.79（$SD = 2.34$），女孩平均得分为 7.60（$SD = 1.39$）。男孩和女孩在年龄、失言理解和语言测量上都没有表现出显著的性别差异。

（三）社交技能、失言理解和语言之间的相关分析

皮尔逊积差相关分析发现，总的社交技能得分与失言理解成绩相关显著，社交技能得分与语言相关显著，失言理解成绩与语言相关显著。社交技能得分与年龄相关显著，语言总分和年龄相关显著。表 7.26 表示各项测量之间的相关系数。

表 7.26　　各项测量之间的 Pearson 相关（N = 92）

	年龄	社交技能	失言理解
社交技能	0.15		
失言理解	0.18†	0.33**	
语言	0.48***	0.51***	0.44***

注：†$p < 0.08$，**$p < 0.01$，***$p < 0.001$。

控制年龄之后，失言理解和社交技能之间的偏相关系数 $r=0.31$，$p<0.01$；社交技能得分和语言之间的偏相关系数 $r=0.50$，$p<0.001$；失言理解成绩和语言之间的偏相关系数 $r=0.40$，$p<0.001$。而控制年龄和语言之后失言理解成绩和社交技能得分的相关不显著，$r=0.13$，$p>0.05$。控制年龄和社交技能得分后失言理解成绩和语言偏相关显著，$r=0.30$，$p=0.004$。控制年龄和失言理解成绩后，社会技能得分和语言偏相关显著，$r=0.44$，$p<0.001$。

（四）社会交往技能得分和失言理解成绩的回归分析

为了考察失言理解成绩和社交技能得分的关系方向，进行回归分析。首先以失言理解为因变量，以年龄、社会交往技能为预测变量进行回归分析。结果表明，社交技能得分可以显著预测失言理解成绩，$\Delta R^2=0.11$，$F(1, 90)=10.73$，$p<0.001$，它可以解释失言理解方差变异的11%。这表明社会交往技能是失言理解的一个重要的预测因素。再以社交技能得分为因变量，以年龄和失言理解成绩为预测变量，进行回归分析。结果发现，失言理解成绩可以显著预测社交技能得分，$\Delta R^2=0.089$，$F(1, 89)=10.37$，$p=0.002$。表明失言理解也是社会交往技能的一个重要的预测源。这说明二者是一种双向的关系。

（五）语言在社会交往技能和失言理解关系中的中介效应检验

为了检验语言在社交技能和失言理解关系中是否具有中介作用，我们按照有关方法进行了中介效应检验。因为语言与社会交往技能和失言理解存在显著相关，符合中介变量检验的条件，可以继续进行分析。首先检验语言在失言理解预测社会交往技能的关系中是否存在中介效应，以失言理解成绩为自变量，以社交技能得分为因变量，以语言为中介变量进行回归分析。第一步，以失言理解成绩为自变量，社交技能得分为因变量进行回归分析，回归系数检验显著，$c=0.328$。第二步，以失言理解成绩为自变量，以语言为因变量，进行回归分析，回归系数检验显著，$a=0.437$。第三步，以失言理解成绩和语言为自变量，以社交技能得分为因变量进行回归分析，语言的回归系数显著，$b=0.45$，失言理解成绩的回归系数不显著，$c'=0.131$。这说明语言在失言理解预测社会交往技能的关系中起着完全中介作用。具体结果见表7.27。

表 7.27　语言在失言理解预测社会交往技能中的中介效应检验

因变量	预测变量	回归系数 B	标准误	标准化回归系数 B	t
社会交往技能	失言理解	0.349	0.10	0.328	3.292***
语言	失言理解	4.831	1.049	0.437	4.605***
社会交往技能	失言理解	0.140	0.107	0.131	1.305
	语言	0.043	0.01	0.450	4.477***

注：*** $p<0.001$。

接下来检验语言在社会交往技能对失言理解的预测作用中是否存在中介作用。以失言理解成绩作为因变量，以社交技能得分作为自变量，以语言作为中介变量，进行回归分析。第一步，以失言理解成绩为因变量，社交技能得分为自变量进行回归分析，结果发现回归系数显著，$c=0.326$。第二步，以社交技能得分为自变量，以语言为因变量，进行回归分析，结果发现回归系数检验显著，$a=0.513$。第三步，以社交技能得分和语言为自变量，以失言理解成绩为因变量进行回归分析，结果发现语言的回归系数显著，$b=0.365$，社交技能得分的回归系数不显著，$c'=0.139$。这说明语言在社交技能得分预测失言理解成绩的关系中起着完全中介作用。具体结果见表 7.28。

表 7.28　语言在社交技能预测失言理解中的中介效应检验

因变量	预测变量	回归系数 B	标准误	标准化回归系数 B	t
失言理解	社会交往技能	0.217	0.066	0.326	3.276***
语言	社会交往技能	3.777	0.666	0.513	5.670***
失言理解	社会交往技能	0.092	0.073	0.139	1.262
	语言	0.033	0.010	0.365	3.318***

注：*** $p<0.001$。

四　讨论

（一）学龄后期儿童的失言理解、社交技能和语言发展状况

结果表明，小学阶段儿童的失言理解存在一个发展的过程，3 年级儿童失言理解的成绩与 5 年级儿童之间存在显著差异，表明 3 到 4 年级儿童

的失言理解处于发展之中，到5年级可能达到比较成熟的阶段。这与巴伦-科恩、王彦等人的研究结果是一致的，即从8岁到11岁的小学阶段，儿童逐渐发展出较为高级的、与实际生活更为接近的心理理论能力。本研究所采用的同伴评定社会交往技能的测验方法，对个体的社会交往技能测量是较为准确和可靠的，虽然不利于年级间的差异比较，但被试者的得分在总体上还是表现出随年级增长的趋势。

（二）失言理解、社会交往技能和语言的关系

本研究发现，学龄后期儿童的失言理解和社会交往技能存在显著相关。在学龄后期两者之间是存在密切关系的，其中失言理解涉及对他人的心理状态（包括认知状态、情绪和情感状态）的理解和知觉，社会交往技能涉及处理人与人之间的关系。两者共同的成分都包括个体在社会环境中理解他人和处理人际关系。本研究更为重要的一个结果是，失言理解得分可以预测社会交往技能，社会交往技能也可以显著预测失言理解得分，这表明二者之间是一种双向的关系。随着年龄增长，在学龄后期，儿童的社会交往技能和社会经历进一步发展和丰富，心理理论能力也从以前简单理解他人的心理状态发展到具有更加主观性的解释性心理理论，也就是说，儿童对他人的心理状态理解受到了个人主观经验的影响。反过来，心理状态理解能力为儿童更好地解决社会生活中的问题提供了支持。同时，语言因素在失言理解和社会交往技能的相互关系中起中介作用。在学龄后期，儿童的语言逐渐发展成为社会交往的重要工具，同时也有助于在社会情境中理解他人复杂的认知和情绪状态。本研究的结果进一步丰富和发展了学龄后期儿童的心理理论、社会交往技能和语言关系的资料。

（三）语言在失言理解和社会交往技能关系中的中介作用

本研究发现，当控制语言因素后，对失言理解和社会交往技能进行偏相关分析时，失言理解和社会交往技能之间的直接相关关系变得不显著了，回归分析发现，当先把语言因素放入回归方程时，社会交往技能不再能显著预测失言理解成绩。这表明社会交往技能和失言理解之间的关系是以语言作为中介的。

儿童的失言理解和语言之间存在显著的相关，表明在儿童获得复制式心理理论后，对他人心理状态的理解，仍受到语言能力发展的影响。这说明在3—4岁时，儿童发展出初步的心理理论能力受到语言因素的显著影

响，在获得解释性心理理论能力后，语言仍对心理理论能力发展存在促进作用。语言是个体进行社会交往的主要媒介和工具，对语言的理解和表达，有助于更好地理解别人的思想、情感和信念状态，同时也可以传递正确的社会信息。

社会认知、社会交往和语言存在密切关系，但是从婴儿后开始，三者之间的关系模式在不同年龄阶段可能是不同的。社会认知能力总是在一定的社会交往情境中发展起来的，随着社会交往的扩展，儿童开始理解他人拥有不同于自己的情绪、愿望和信念。随着社会交往范围扩大和程度的加深，儿童的社会认知能力在小学阶段得到了迅速发展。更为重要的是，在学龄后期，在社会认知和社会交往的关系中，语言的重要性得到了加强。与学龄前及小学低年级儿童不同的是，儿童的社会技能和社会认知能力要得到共同的发展，都离不开语言这个中介因素。为了促进儿童的心理理论能力发展和社交技能发展，我们必须重视儿童的语言能力的发展（Astington & Baird，2005）。

五　结论

学龄后期儿童的失言理解受到社会交往技能和语言能力的影响，失言理解和社会交往技能存在双向关系，语言发展是社会交往技能和失言理解相互影响的重要中介因素。

第八章

婴儿的心理理论发展

早期的很多研究结论认为，3 岁以下的婴幼儿不具有心理理论能力。一些研究者对此提出了质疑（Wellman & Liu，2004）。已有研究表明，儿童在理解错误信念之前，已经能够不同程度地理解他人的愿望、情绪和意图等心理状态（Sodian，2011）。近年来，研究者发现，即使 13—15 个月左右的婴幼儿仍具有一定的心理理论能力（Onishi & Baillargeon，2005；Surian，Caldi，& Sperber，2007）。本章主要讨论婴幼儿心理理论的表现及其发生发展机制。

第一节 婴幼儿心理理论的表现

心理理论作为一种高级的社会认知能力，存在从无到有、从简单到复杂的渐进发展过程。在婴幼儿阶段，个体的联合注意、情绪理解、意图理解、愿望理解和错误信念理解的发展备受研究者的关注。

一 联合注意

在前面第三章第二节提到，联合注意是指一个人可以通过眼光或者姿势追随他人的注意方向，使得两个人或多个人可以关注同一个物体。当他人的注意方向出现变化或转移时，自己也可以随着变化或转移（Grossberg & Vladusich，2010）。这种能力是一个人学习新的词汇、与他人进行沟通和交流的重要基础。儿童在心理状态理解能力发展的初期，必须能够从外在的行为线索辨别他人的行为模式，例如，幼儿想要一个东西，另一个人在把这个东西递给幼儿的时候，“愿意给”和“不情愿给”

的行为模式是有差异的，儿童只有学会仔细辨别不同行为模式背后的心理状态，才能恰当地调整自己的行为方式和心理状态。一定程度上来说，可以把联合注意看作心理理论能力出现的萌芽（Baron-Cohen，1997）。

婴幼儿的联合注意可以分为两类，即反应性联合注意和主动性联合注意。所谓反应性联合注意，是指婴幼儿根据他人的注视方向和动作姿势（如手势、头部朝向、身体朝向等）而注意他人正在关注的物体；所谓主动性联合注意，是指婴幼儿利用自己的姿势、眼光注视线索，使他人能够关注自己想要关注的某个物体、事件或者他们自己（Mundy & Newell，2007）。虽然联合注意的获得时间至今尚存在争议，但研究者发现，3 个月大的婴儿已经能够跟随成年人的眼光注视附近的物体（Amano，Kezuka，& Yamamoto，2004；Striano & Stahl，2005；Tremblay & Rovira，2007），12 个月大的婴儿开始出现被动的反应性联合注意（Vallotton，2010），并且在这个时期，婴儿对有趣的事物也能够主动发起联合注意（Stahl，Parise，Hoehl & Striano，2010；Tomasello，Carpenter & Liszkowski，2007），2 岁左右的幼儿能够灵活地使用转移注视或手势来实现联合注意（Liszkowski，Carpenter，Striano & Tomasello，2006）。

联合注意是人生发展初期的社会认知功能，是心理理论能力发展的基础或者早期表现，它体现了心理理论能力内隐的特征。

二　情绪理解

情绪理解是指对情绪加工过程有意识的了解，或者对情绪如何起作用的认识。塔格－弗拉斯伯格和沙利文（Tager-Flusberg & Sullivan，2000）曾提出心理理论包括社会认知成分和社会知觉成分。前者主要和认知加工系统有关，后者则属于人的知觉范畴，包括推断他人的意图、情绪等心理状态。根据这一观点，情绪理解属于社会知觉成分的范畴。研究者一般认为，情绪理解的出现早于错误信念理解，幼儿在 1 岁到 2 岁左右情绪理解能力得到迅速发展（Mumme & Fernald，2003；Nichols，Svetlova & Brownell，2010）。1 岁婴儿开始理解他人的积极和消极情绪（Phillips，Wellman & Spelke，2002），同时能够对他人的情绪做出反应（Colonnesi，Zijlstra，van der Zande & Bögels，2012；Geangu，Benga，Stahl，& Striano，2011；Striano & Vaish，2006）。到 2 岁末的时候，幼儿已经会使用情绪词汇，并且能够很好地理解他人的情绪（Phillips，et al.，2002）。

目前，对婴幼儿情绪理解的研究主要集中于面部表情识别上，它是最早获得的心理理论社会知觉成分（Ahola Kohut，Pillai Riddell，Flora & Oster，2012）。2—3 个月的婴儿能够正确区分一系列静态面部表情，如快乐、悲伤、害怕、生气和惊讶等（Schwarzer & Jovanovic，2010）。有研究者采用认知神经科学的方法来考察婴幼儿识别面部表情的神经基础（Hoehl & Striano，2008，2010）。例如，迭戈等人（Diego et al.，2004）通过比较在躲猫猫游戏中，患抑郁症母亲的 3—6 个月的婴儿与正常婴儿识别面部表情（快乐、惊讶和悲伤）的脑电图差异，发现不管是对母亲还是陌生人，患抑郁症母亲的婴儿都比正常婴儿观看面部表情更少，且他们在观看所有面部表情时都表现出相对更强的右侧额叶脑电活动不对称；两组被试者观看伤心面部表情比观看快乐面部表情时显示出更强的右侧额叶脑电活动不对称。格罗斯曼、斯特利安诺和弗雷德里克（Grossmann，Striano & Friederici，2007）使用事件相关电位方法比较了 7 个月和 12 个月的婴儿在加工快乐与愤怒面部表情时神经活动过程的差异，发现 7 个月大的婴儿加工快乐表情时，处于额叶、颞叶和顶叶的电极，在刺激呈现 400—600ms，记录到的负成分波幅更大；而 12 个月大的婴儿加工愤怒表情时，处于枕叶的电极，在刺激呈现 400—600ms，记录到的负成分波幅更大。上述研究表明，12 个月左右的婴儿已经能够识别多种面部表情，并且随着年龄的增长，婴幼儿识别不同表情时的脑区激活状态会发生变化，1—2 岁，婴幼儿的情绪理解能力迅速发展，到 2 岁末时，不仅能够很好地理解他人情绪状态，而且学会使用一些情绪词汇（例如“伤心”等）。

三　意图理解

意图理解就是对他人行为原因的理解（Olineck & Poulin-Dubois，2009）。同样的动作可能会有不同的原因，只有理解行动者的意图才能真正理解动作的意义，因此，理解他人的意图是获得心理理论的第一步。与信念理解相比，理解意图不需要表征外部世界，它比理解信念更容易一些（Tomasello，Carpenter，Call，Behne & Moll，2005）。

研究表明，婴幼儿理解人的意图，首先要了解人的行为是有意图的，而非人的物体虽然也可能出现某种动作，但却不存在意图。梅尔佐夫（Meltzoff，1995）最早采用模仿范式研究了18个月大婴幼儿的意图理解，发现即使当实验者在行为中尝试获取目标物失败时，婴儿也会模仿实验者的行为，然而，当用无生命的物体呈现出类似行为时，婴儿却不去模仿。这表明18个月大的婴儿已经知道只有人的行为才是有意图的，而非人物体的运动是没有意图的。

婴幼儿能够根据人的行为线索理解行为意图。有研究者采用视觉注意范式考察婴幼儿的意图理解。研究包括练习阶段和实验阶段。在练习阶段，让婴幼儿观看成人做出的一系列行为，通过提供姿势或者盯视线索以使婴幼儿了解成人的行为模式。在实验阶段，成人做出两种行为，与练习阶段的行为意图相符或者不相符，然后比较婴幼儿注视这两种行为的时间。如果婴幼儿注视与意图不相符行为的时间更长，则意味着婴幼儿能够理解他人意图；反之，如果婴幼儿注视两种行为的时间没有差异，则意味着婴幼儿不能理解行为意图。另外一种测试婴幼儿是否理解成人行为意图的方法是，在实验阶段，成人在做出某种行为时会短暂停顿，记录婴幼儿首次注视的物体或者地点，如果婴幼儿注视的物体或者地点是成人的行为要实现的目标，则意味着婴幼儿能理解行为意图，否则，则意味着婴幼儿不能理解成人的行为意图（Luo & Johnson，2008；Saylor，Baldwin，Baird & LaBounty，2007）。贝纳、卡本特和汤姆塞拉（Behne，Carpenter，Tomasello，2005）采用这种方法考察了14个月、18个月和24个月的婴幼儿能否理解成人在交流中的有意图行为。实验是以游戏的方式进行的。在藏玩具游戏中，实验者将玩具藏在箱子里，然后通过指向和注视线索暗示玩具所藏的位置，观察婴幼儿注视方向或者指向的物体和位置。结果发现，即便是14个月大的孩子也能够注视实验者所暗示的位置或物体。这提示，14个月的孩子已经能够理解他人做出的“指向”或者“注视”行为本身带有交流意图。这表明，理解交流行为中最基本的符号系统（包括动作行为模式）是婴幼儿理解他人行为意图的开端。

婴幼儿不但可以根据外在行为线索理解他人的行为意图，也可以根据其他符号线索把意图行为和非意图行为区分开。萨卡鲁和加蒂斯（Sakkalou & Gattis，2012）采用模仿范式考察了14个月到18个月的婴幼儿是否可以根据声音韵律把意图和非意图行为区别开来。实验者给被试者呈现滚动玩偶和推动玩偶，这两种行为可能是有意的，也可能是无意的。在实验中有意的行为伴随着令人满意的降调发声，而无意的行为则伴随着令人意外的升调发声。然后告诉被试者“该你了，你来做一下吧”。结果发现，被试者根据声音模仿实验者的意图行为要比无意图的偶然行为更多。表明婴幼儿可以根据语音语调来推测他人行为是有意的还是无意的。

婴幼儿大约从 12 个月甚至更小的时候，能够区分意图行为与意外行为，能够区分人的有意图的行为与无生命的物体导致的运动。婴幼儿能够根据行为线索（如注视、手势、姿态）和语言线索推测他人的意图（Brandone & Wellman，2009；Sakkalou，Ellis-Davies，Fowler，Hilbrink，& Gattis，2012；Woodward，Sommerville，Gerson，Henderson & Buresh，2009）。如前面提到的，婴幼儿根据他人的眼睛注视线索，观察行为的目标物体，这体现了在社会交往中联合注意和信息分享的作用。虽然意图理解比较容易，但它也存在一个发生发展的过程。同样，意图理解也可能是以后更为复杂的心理状态理解的基础。尤其是随着年龄增长，人的行为出现了掩饰、撒谎和假装，使意图理解变得较为困难。随着年龄增加和经验的不断丰富，儿童会综合利用行为和情境所提供的信息理解他人的意图。

四 愿望理解

愿望和信念被看作心理理论最重要的心理状态成分，人们普遍相信，对这两种心理状态的理解在解释和预测他人行为中至关重要（Wellman & Woolley，1990）。因此，日杰夫和弗莱（Ziv & Frye，2003）指出，心理理论是基于信念、愿望和行为三者之间的关系而发挥作用，我们是根据他人的信念和愿望来理解行为。可以采用类似于错误信念测验的故事法对婴幼儿理解他人愿望的能力进行测量。例如，给被试者讲这样一个故事，两个人物 A 和 B 都想参加同一个活动（如唱歌），当 B 停止唱歌而去打网球的时候，实验者会问及被试者有关 B 原来的愿望，根据被试者的回答判断其是否理解了故事中人物的愿望。如果被试者回答的是 B 一开始参加的活动，则说明被试者能够正确理解他人的愿望，如果被试者回答的是 B 现在正在从事的活动，则说明被试者错误地理解了他人的愿望（Rakoczy，Warneken & Tomasello，2007）。

研究者一般认为，愿望的理解要比信念理解简单，3 岁幼儿能够理解不同的人有不同的愿望，逐渐知道不同的愿望会导致不同的情绪和行为（Wellman，Phillips & Rodriguez，2003）。例如，拉克兹、沃纳肯和汤姆塞拉（Rakoczy，Warneken & Tomasello，2008）采用类似于错误信念测验的故事法考察3岁幼儿理解冲突愿望的能力，他们分别采用涉及被试者自己愿望的冲突愿望任务和不涉及被试者自己愿望的任务。在涉及被试者自己愿望的冲突愿望任务中，同时给被试者呈现两张贴画，但是要求被试者只能选择一张贴在册子上，其中一张是被试者自己喜欢的，另一张是玩偶鲁迪喜欢的，鲁迪会告诉被试者自己喜欢哪一张贴画，被试者的任务就是选择玩偶喜欢的贴画，并把贴画贴在册子上。在不涉及被试者自己愿望的任务中，被试者是以第三者的角色参与测试任务，即一张贴画是玩偶彼得喜欢的，另一张是玩偶苏西喜欢的，被试者的任务就是选择其中一个玩偶喜欢的贴画。结果表明，不管任务中是否涉及被试者自己的愿望，3岁幼儿都能够正确理解冲突愿望，并且能够根据愿望是否满足来预测个体的情绪。然而，也有研究者持怀疑的态度，他们认为，3岁以下幼儿只能理解一些简单的愿望，而只有到了能够理解信念的时候，才能理解比较复杂的愿望（Nguyen & Frye，1999）。例如，阿坦塞、贝朗葛和梅尔佐夫（Atance，Bélanger & Meltzoff，2010）采用给礼物任务（gift-giving task）考察3岁、4岁和5岁儿童的愿望理解能力，在任务中，实验者向儿童同时呈现一个玩具和一本杂志，实验者在任务中没有告诉被试者母亲喜欢的礼物，儿童的任务是为母亲选择一份礼物。母亲喜欢的是杂志，而不是玩具。但是，由于3岁幼儿不能正确识别母亲的愿望，总是选择玩具作为礼物，因此，他们认为，当他人的愿望与自己的愿望冲突时，3岁以下幼儿不能理解冲突愿望。

上述研究的结论之所以存在差异，第一个原因是，研究者采用的实验任务之间存在差别，如拉克兹等人（Rakoczy，et al.，2008）采用的冲突愿望任务中，实验者告诉被试者玩偶的愿望，而在阿坦塞等人（Atance et al.，2010）采用的给礼物任务中并没有告诉被试者，对方想要的礼物。拉克兹等人认为，3岁幼儿理解涉及自己的冲突愿望要比不涉及自己的愿望困难一些，因为完成涉及自己愿望的冲突愿望任务需要被试者抑制自己的愿望，这就要求儿童具有一定的抑制功能。第二个原因是，个体对愿望的理解包括由浅入深的不同层次，即简单愿望的理解先发展，冲突愿望的理解后发展。研究者一般认为，2—3 岁的幼儿能够获得理解简单愿望的能力，直到 5 岁左右，儿童才能够理解他人更加复杂的愿望（苏彦捷、俞涛、傅莉、王彦，2005）。

五　错误信念理解

信念是指人们对某物或某事的一种看法或态度，是对外部世界的表征（王美芳、陈会昌，2001）。我们在前面章节提到，根据信念与外部世界的关系，个体所拥有的某种信念可能是正确的，也可能是错误的，当人们的信念与外部现实世界不相符时，我们称之为错误信念。错误信念理解是心理理论的一个重要组成成分，婴幼儿是否能够理解错误信念一直以来都是发展心理学家争议的问题。

心理理论提出以后，韦默和佩尔奈提出了标准的错误信念任务（包括位置改变任务和意外内容任务），来研究儿童对错误信念的理解。何、博尔茨和巴亚热昂（He，Bolz & Baillargeon，2010）称这类任务为引导—反应错误信念任务（elicited-response tasks）。近十几年来越来越多的研究者质疑引导—反应错误信念任务对婴幼儿的适用性，并提出引导—反应错误信念测试可能低估了幼儿的错误信念理解能力。幼儿之所以不能通过引导—反应错误信念测试，是因为此类任务太过复杂，不仅需要被试者记住多个人的信念，同时还需要执行功能（即反应选择和反应抑制过程）的参与（Scott，He，Baillargeon & Cummins，2012）。研究者认为，婴幼儿日常生活中的许多行为表明，他们已经能够理解他人的错误信念，例如，威尔逊、史密斯和罗丝（Wilson，Smith & Ross，2003）采用生态学效度较高的研究方法考察 2 岁和 4 岁儿童的说谎出现的时间和频率，他们拍摄并分析了儿童在家庭环境中的正常生活短片，发现即使是 2 岁的幼儿也会说谎，如当幼儿扯哥哥的耳朵，然后哥哥打他的脸，幼儿会跑去找妈妈，对妈妈说，哥哥把他推倒在地上。因此，3 岁以下的婴幼儿不能通过这类测试任务可能并不意味着他们完全不理解他人的错误信念。

近年来，研究者开始尝试发展适用于测量 3 岁以下婴幼儿错误信念理解的任务，以减少引导—反应错误信念测试所需要的认知负荷。克莱门茨和佩尔奈（Clements & Perner，1994）曾采用预期—观看自发反应错误信念任务（anticipatory-looking spontaneous-response false belief task）进行了研究。在他们的实验任务中，设置了两个老鼠洞，儿童看到一只老鼠萨姆将物体藏到其中一个洞前的盒子里，当萨姆睡着的时候，物体被移到另一个洞前的盒子里。当萨姆再次出现的时候，实验者要求儿童预期萨姆会去哪个盒子里寻找物体，观察儿童首先观看的盒子。他们发现，当萨姆再次出现后，3 岁的幼儿会观看物体原来的那个位置，而 2 岁 5 个月到 2 岁 10 个月的幼儿会观看物体现在所在的盒子。他们的实验表明，3 岁幼儿已经发展了错误信念理解能力，但 2 岁的幼儿却还不具有这种能力。

第三章第二节曾提到，尾西健和巴亚热昂（Onishi & Baillargeon，2005）考察了 15 个月的婴儿能否理解错误信念。他们发展了适用于 3 岁以下幼儿的另一种研究范式，即期望—违反自发反应任务（violation-of-expectation spontaneous-response tasks）。在此任务中，婴儿观察到演员将玩具藏在一个地方，他离开后，玩具被移至另一个地方，接着，有两种实验情景，一种是婴儿看到演员在玩具原来的位置寻找（与错误信念一致），另一种是演员在玩具现在的位置寻找，他们发现，当演员在玩具现在的位置寻找时，婴儿会注视更长的时间，因此他们认为，15 个月的婴儿已经能够理解他人的错误信念。这一结果与克莱门茨和佩尔奈（Clements & Perner，1994）的结果不一致。索思盖特、千住和奇布劳（Southgate，Senju，Csibra，2007）认为，克莱门茨和佩尔奈的实验任务仍然涉及一定的语言能力要求，在他们的任务中，在萨姆回来前，实验者会对被试者说“我很好奇萨姆会去哪里找呢”。因此，索思盖特等人对克莱门茨和佩尔奈的实验任务进行了修改，他们采用眼动追踪技术来考察 25 个月大的幼儿能否预期演员将可能寻找物体的位置，他们发现，大部分 25 个月的婴儿能够正确预期演员的行为。

采用期望—违反自发反应任务的研究发现，15 个月的婴儿甚至是更小的孩子都能通过错误信念测试（Baillargeon，Scott & He，2010；Evans，Berthiaume & Shultz，2010；Kovács，Téglás & Endress，2010；Song & Baillargeon，2008），这与采用引导—反应测试方法的研究结果是不同的。然而，有研究者认为，3 岁以下婴幼儿在自发—反应任务中表现出来的错误信念理解能力与 4 岁以上儿童在引导—反应任务中表现出来的能力是不同的（Sodian，2011），克莱门茨和佩尔奈将前者称为内隐错误信念理解，而称后者为外显的错误信念理解。洛（Low，2010）分别采用引导—反应任务和自发—反应任务考察3岁和4岁儿童的错误信念理解能力，结果发现，儿童在自发—反应任务中的成绩与语言、执行功能相关并不显著，但是它却能够显著地预测儿童在引导—反应任务中的成绩，而儿童外显的错误信念理解能力与语言、执行功能却是显著相关的。因此，外显的错误信念理解能力比内隐的错误信念理解能力复杂，它可能依赖于语言和执行功能等高级认知能力的发展，个体对他人错误信念的理解可能经过从内隐到外显的发展过程。

第二节　婴幼儿心理理论研究新范式

为了更准确地考察婴儿的心理理论能力，研究者提出了一些新的测试范式，例如，非言语自发—反应错误信念理解测试（nonverbal spontaneous-response tasks）、言语自发—反应错误信念理解测试（verbal spontaneous-response tasks），何、博尔茨和巴亚热昂（He，Bolz & Baillargeon，2012）将这些范式统称为自发—反应任务。

非言语自发—反应任务包括预期—观看任务和期望—违反任务。与传统的引导—反应错误信念测试任务不同，在预期—观看任务中，实验者让幼儿观看故事表演，演员将玩具放在一个地方后离开。幼儿观察到实验者将玩具转移到别的地方。当演员再次出现寻找玩具时，短暂停顿，观察幼儿首次注视的位置，如果幼儿注视玩具原来的位置，说明他们能够根据演员的错误信念预测行为，如果幼儿注视玩具现在的位置，则表明他们不能理解他人的错误信念，并根据错误信念状态预测行为。与预期—观看任务相同，在期望—违反任务中，幼儿也是观看类似的故事表演，不同的是，当演员再次出现时，此时有两种实验条件，一种是演员去玩具原来的位置找，另一种是演员去玩具现在的位置找，观察被试者注视演员所寻找的位置的时间。如果幼儿在第一种实验条件下注视的时间比第二种实验条件下短，那么说明幼儿能够理解他人的错误信念。反之，则表明幼儿不能理解他人的错误信念（Southgate，Chevallier & Csibra，2010；Kovács，et al.，2010；Surian，et al.，2007；Träuble，Marinović & Pauen，2010）。这种任务明显降低了对幼儿的语言和反应能力的要求，发现甚至1岁多的婴儿也似乎了解他人的错误信念。

在言语自发—反应任务中，实验者和被试者会有一些必要的言语交流。常用的任务包括言语期望—违反任务、言语偏好—观看任务（verbal preferential-looking task）和言语预期—观看任务。例如，斯科特等人（Scott，Baillargeon，Song & Leslie，2010）采用言语期望—违反任务研究18个月的婴儿对物体模糊属性的错误信念的理解。在实验中，给婴儿呈现三个杯子，实验者手里拿着的杯子里面装有一个弹珠并可以摇响，第二个杯子与实验者手里的杯子外形相同，但里面没有弹珠，第三个杯子跟实验者手里的杯子外形不同，但里面装有能够摇响的弹珠。另外还有一个表演者和实验者进行配合。整个实验中，幼儿知道哪个杯子能够摇响。有两种实验条件：第一种实验条件下，演员不知道哪个杯子能摇响，第二种实验条件下演员知道哪个杯子能够摇响。当实验者摇响自己手中的杯子之后，对演员说“你也可以摇响”。然后比较演员拿起第二个杯子和第三个杯子时，幼儿的注视时间。在演员知道哪个杯子能够摇响的情况下，当演员拿起第二个杯子，此时演员的行为违反了他的真实信念，幼儿会注视更长时间；在演员不知道哪个杯子能够摇响的情况下，当演员拿起第三个杯子，此时演员的行为违反了他的错误信念，如果幼儿能够理解他人错误信念，幼儿会注视更长时间。相似地，斯科特等人（Scott，2012）在研究中采用了偏好—观看任务。实验的情境类似错误信念测试的位置改变任务，但所使用的图片分为两种，一种是与故事情节匹配的，另一种是与故事情节不匹配的。观察被试者注视的图片，如果幼儿注视的图片是与故事情节匹配的，则表明他们能够理解他人的错误信念。

最近，何子静等人（He，et al.，2012）采用了言语预期—观看任务对2岁半的幼儿进行研究，被试者在实验中观看故事表演，实验者一（E1）将剪刀放进一个盒子里之后离开了房间，然后，实验者二（E2）进入房间，并将剪刀放进口袋，此时有两种实验条件，一种条件下，E2把剪刀放进口袋之后，说“E1回来的时候，她还会要剪刀的。”E2停止2s，接着，她对被试者说“她会去哪里找剪刀呢”。另一种条件下，与传统错误信念测试任务一样，E2直接问被试者有关E1的错误信念的问题，即“E1认为剪刀在哪里呢?”他们发现，在第一种实验条件下，被试者对剪刀原来所在的位置注视的时间要显著长于在第二种实验条件下。

这些范式与引导—反应任务相区别的是，减少了语言和执行功能等高级认知资源的参与，更适合研究年龄较小的婴幼儿。让儿童亲自参与实验过程，增加了实验的趣味性，容易吸引幼儿的注意力。采用这些任务进行的实验，普遍发现低于3岁的孩子，甚至18个月左右的婴儿能够理解他人的真实信念，对于行为者没有做出基于错误信念的行为感到诧异。例如，当行为者把一个东西放入A箱子，而不知道这个东西后来被转移到了B箱子，但行为者后来仍然准确地去B箱子里面找。婴幼儿看到这一幕，表现出很诧异的表情。似乎反映出孩子的“思想”——他不应该去B箱子里找啊。一些研究者认为，这似乎体现出婴幼儿对他人错误信念的理解。基于这些研究范式的实验，虽然提供了婴幼儿对他人错误信念理解的可能的实验证据，但是，这些方法所采用的指标一般是儿童的表情反应、注视时间和首次注视的地方。这些指标的内涵是否体现了幼儿对他人抽象的心理状态的理解，也就是说，我们能否肯定地说，2岁甚至1岁半的孩子可以理解错误信念，还需要进一步思考和验证。

第三节　婴儿心理理解能力发展的认知机制和环境机制

一　认知机制

（一）心理理解能力发展与语言的关系

从前面章节的讨论可知，20世纪80年代末以来，研究者对语言与心理理论的关系问题进行了大量研究。从发展的角度看，语言与心理理论能力的发生和发展的时期极其接近，即儿童在1岁左右开始掌握语言，也是在这一时期，儿童开始表现出了心理理论的萌芽；直到两三岁，儿童的心理理论迅速发展，而这一阶段也是儿童语言发展的重要时期。语言作为沟通、交流以及表征他人心理状态的符号，可能为推测他人的心理状态提供了有利的工具。因此，研究者认为，心理理论与语言密切相关（Kwisthout，Vogt，Haselager & Dijkstra，2008）。例如，汤姆塞拉和法勒（Tomasello & Farrar，1986）采用追踪研究方法考察了婴儿的联合注意与语言的关系，他们分别拍摄婴儿在15个月和21个月时与母亲互动的过程，记录互动过程中母亲与婴儿联合注意的次数，结果发现，婴幼儿与母亲发生联合注意的次数与婴儿词汇的使用呈正相关，因此他们认为，联合注意影响后期语言的发展。还有研究者考察了婴幼儿理解其他心理状态与语言的关系。赫伯特（Herbert，2011）考察了语言对12个月的婴儿和15个月的婴儿意图理解的影响，研究采用模仿方法对婴儿的意图理解能力进行测验，实验者首先向被试者呈现三个连续的目标行为动作，第一个动作是取下玩具右边的手套，第二个动作是摇三次手套，并把铃铛放进手套里，第三个是把手套戴回玩偶的右手。在实验者做这三个连续动作时，分为三种条件，第一种条件是在整个动作完成过程没有语言线索；第二种条件是，实验者在完成这些动作时会说“看这个”、“哇”、“你看到了吗?”第三种条件是，实验者在这个过程中会说“看，是个玩偶”、“脱下”、“摇”和“戴上”。结果发现，语言线索能够显著地影响被试者在模仿任务中的表现，被试者在第三种条件下的表现最好，其次是第二种条件，最差的是在没有语言线索条件下的反应。因此，他们认为语言能够影响婴儿对他人意图的理解。

在婴儿阶段，心理理论的早期发展影响语言的获得，例如，联合注意和内隐的错误信念理解能力可能影响语言的发展（Murray et al.，2008）；儿童在3—4岁时，他们开始获得表征他人心理状态的符号，这种能力可能反过来影响心理理论的发展，如语言发展促使内隐错误信念理解能力发展为外显错误信念理解能力（Herbert，2011）。

（二）心理理解能力发展与执行功能的关系

执行功能是指对思想或行为有意识地控制，它包括计划、工作记忆、心理灵活性和反应抑制等。研究者发现，执行功能迅速发展的时期与心理理论获得的时期相吻合（Carlson，Mandell & Williams，2004）。

缪勒等人（Müller，et al.，2012）对2岁幼儿进行了一项追踪研究，在幼儿2岁时，采用图片任务、视觉遮挡任务（blocked visual access）和假装理解任务对幼儿进行测验。在图片任务中，给被试者呈现一张卡片，卡片的一面画有一只小兔子。卡片放在一个小木台的槽里。实验者把小木台推到被试者面前，并对被试者说：“图片上是什么?”被试者回答完之后，实验者会告诉被试者：“给我看看图画，我想看小兔子。”如果被试者不能把卡片完全转过来朝着实验者，得0分；如果只把卡片转向实验者一半得1分；如果在实验者催促之后才完全转向实验者，得2分。如果一开始就立刻完全转向实验者，得3分。这一测试主要考察被试者能否理解其他人不一定看到他们自己能够看到的东西。

在视觉遮挡任务中，实验者给被试者一个玩具，要求被试者将玩具给妈妈看，但妈妈用手遮挡住眼睛。如果被试者不能把玩具给妈妈看或者玩具弄掉了，则得1分；如果把玩具拿到妈妈面前，但没有试图把妈妈的手拿开，则得2分；如果能够把妈妈的手挪开一半，不完全遮挡视线，则得3分；如果能够调整自己或者妈妈的姿势，但没能把玩具给妈妈看，则得4分；如果能够纠正妈妈的姿态，完全不遮挡视线，并把玩具给妈妈看到，则得5分。这一测试主要考察被试者能否理解视觉遮挡。假装理解测试主要考察幼儿是否可以模仿某种假装行为。例如，实验者拿一个小塑料老虎和小水杯，并做出老虎喝水的假装动作。然后要求被试者模仿。这一任务主要用于测验被试者对假装的理解。在幼儿3岁时，采用多重愿望任务、多重信念任务、二级水平视觉观点采择任务和错误信念理解测试考察被试者的心理理论能力。在儿童4岁时，采用位置改变任务和信念情绪任务测量被试者的心理理论能力。结果发现，2岁时的心理理论能力与执行功能相关不显著，2岁和3岁时的执行功能分别能够显著预测3岁和4岁时的心理理论能力。然而，米勒（Miller，2012）进行的一项追踪研究考察了联合注意和执行功能的关系，研究者采用反应转换、模仿排序等一系列适合婴幼儿的执行功能测量任务，分别在被试者14个月和18个月时检测执行功能，采用由母亲填写的早期社会交往量表，分别在被试者14个月和18个月时检测联合注意能力，发现被试者14个月时测量的联合注意能力能够显著地预测18个月时的执行功能，因此，他认为，早期的联合注意能力影响执行功能的发展。这说明在不同年龄段，不同心理理论能力和执行功能的关系模式有所不同。

分析上述研究发现，缪勒等人（Müller，2012）在被试者2岁、3岁和4岁时采用的实验任务测量的是不同的心理理论能力，即2岁时测量的是视觉观点采择能力，而3岁和4岁时测量的是外显的错误信念理解能力。因此，心理理论的早期发展（如联合注意、简单愿望理解和内隐的错误信念理解）影响执行功能的发展（Vaughan Van Hecke et al.，2011），而更高级的心理理论能力（如冲突愿望理解、外显的错误信念理解）则受到执行功能的影响（Hughes & Ensor，2007）。

二 环境机制

（一）心理理解能力发展与家庭的关系

根据生态系统理论，个体生活在一个大的系统环境中，这些环境对个体的发展产生不同程度的影响（Bronfenbrenner，1979）。个体在婴幼儿阶段主要的生活环境是家庭，因此，家庭环境与婴幼儿心理理论发展之间的关系引起研究者广泛关注，其中依恋类型与亲子对话对婴幼儿心理理论发展的影响已经得到一些研究的支持（Gaffan，Martins，Healy & Murray，2010；商冲晨、莫书亮，2010）。例如，梅因斯等人（Meins，2011）采用追踪研究考察依恋类型对婴儿联合注意发展的影响，实验者分别在婴儿8个月和15个月时考察被试者的反应性联合注意和主动性联合注意，在被试者15个月时考察被试者的依恋类型。在反应性联合注意实验中，实验者指着一个物体，观察被试者的头或者眼睛是否会随着实验者转向被指的物体。实验者采用陌生情境法考察被试者的依恋类型和主动性联合注意。结果发现，依恋类型与反应性联合注意之间相关不显著，而与主动性联合注意相关显著，具体表现在安全型依恋影响婴儿的主动性联合注意，15个月的回避型婴儿很少产生主动性联合注意行为。这一结果表明，婴儿与母亲之间的依恋类型确实会影响婴儿联合注意的发展。除此之外，研究者还发现亲子对话质量也会影响婴幼儿心理理论的发展（Symons，Fossum & Collins，2006）。陶莫佩奥和鲁夫曼（Taumoepeau & Ruffman，2008）考察了亲子对话质量对婴幼儿情绪理解能力发展的影响，他们分别在婴儿15个月、24个月和33个月时通过图片描述任务测量母亲与被试者对话时的心理状态术语。实验者向母亲呈现18张图片，要求母亲向婴儿描述图片的内容，记录母亲在描述过程中提及愿望、知识和信念的语言；在被试者24个月和33个时，采用情绪情景任务和身体情绪任务测量被试者的情绪理解能力，在情绪情景任务中，被试者根据实验者提供的故事情节给故事中的人物赋予相应的情绪，在身体情绪任务中，被试者根据图片中人物的身体姿势选择正确的情绪。结果发现，被试者15个月时，母亲描述语言中的愿望语言能够预测24个月的婴儿在情绪理解任务上的成绩。

以上研究表明，由于婴幼儿主要的生活环境是家庭，他们主要接触的社会成员是抚养者，因此，他们与抚养者之间形成的依恋类型与对话质量会影响婴幼儿心理理论的发展。

（二）心理理解能力发展与同伴交往的关系

个体在婴幼儿阶段生活的环境主要是家庭，因此，对婴幼儿心理理论发展产生影响的环境因素的研究主要集中在家庭环境。然而，近期研究表明，婴儿也会花费一定的时间与同伴交往（Hay，2005）。部分研究者开始考察婴幼儿时期同伴对心理理论早期发展的影响（Berguno & Bowler，2004）。例如，亨尼厄斯、贝克林和西莱森（Hunnius，Bekkering & Cillessen，2009）考察19个月的婴儿意图理解与同伴交往之间的关系，他们让被试者观看一个视频，视频中演员说自己喜欢哪个物体、不喜欢哪个物体，并说要去拿其中一个物体。实验者观察被试者会注视哪一个物体。在合作任务中，被试者要和一个陌生同伴合作完成一项任务，即要共同将一个球放进一根管子里，实验者告诉被试者，他们其中的一个人拿着管子，另外一个人将玩具放进管子里，实验者记录被试者在合作过程中的亲和行为和对立行为。结果发现，意图理解与合作任务中的亲和行为呈正相关，与对立行为呈负相关，而与成功完成合作任务无关，因此，他们认为，幼儿与同伴交往的行为会影响幼儿对他人的意图理解。

年龄较小婴儿的主要交往对象是自己的抚养者，一般直到2岁左右才开始更多的与同伴交往，如模仿同伴的行为、一起玩玩具等（Brownell，Ramani & Zerwas，2006）。虽然婴幼儿的交往能力较弱，但是他们对自己的同伴有一种天然的接近心理，而且他们有独特的交往模式，这些都会对个体的心理理解能力发展产生一定的影响。由于研究方法的限制，这方面的探索还相对较少。

（三）心理理解能力发展与文化的关系

跨文化研究表明，文化可能会影响心理理论能力的获得时间（Shahaeian，Peterson，Slaughter & Wellman，2011）。例如，刘、威尔曼、塔迪夫和辛巴（Liu，Wellman，Tardif & Sabbagh，2008）采用元分析方法，比较中国大陆、中国香港、加拿大和美国四种不同文化背景下的儿童心理理论的发展，结果发现，在不同文化背景下成长的儿童心理理论的发展具有相同的发展轨迹，但是他们在获得时间上存在差异，即美国儿童和中国大陆儿童在心理理论能力获得时间上是相似的，加拿大儿童的心理理论获得时间早于中国大陆儿童和美国儿童。研究者认为，文化之所以会影响到儿童心理理论的获得时间，可能是因为文化影响到个体对心理状态的表达与认知。近十几年来，研究者探讨了心理理解能力的神经生理基础，以及文化差异对个体心理理论影响的神经生理基础（Adams Jr.，et al.，2010；Kobayashi，Glover & Temple，2006）。例如，小林、格洛弗和坦普尔（Kobayashi，Glover & Temple，2007）采用 fMRI 技术比较美国儿童和日本儿童在完成二级错误信念理解测试和卡通任务时的脑区激活状态，结果发现，美国儿童和日本儿童在完成心理理论测试任务时有些脑区是共同激活的，如腹内侧前额叶皮层和楔前叶，但是另外一些脑区的激活则存在差异，如额下回和颞顶联合区，日本儿童在完成测试任务时，在这两个脑区的激活强度要大一些。这一结果表明，在个体成长的早期，文化可能会改变心理理论的神经生理基础。

上述研究表明，文化可能不仅通过直接改变心理状态的认知和表达方式来影响心理理论的发展，同时还会影响心理理论的神经生理基础。

第四节　婴儿心理理解能力的神经机制和遗传机制

一　神经机制

近年来，研究者开始采用认知神经科学的方法探讨婴幼儿心理理论的神经机制，尤其是联合注意、情绪理解和意图理解等的神经机制。例如，斯特利安诺、里德和郝明思（Striano，Reid & Hoehl，2006）探讨了 9 个月的婴儿联合注意的神经机制。在他们的研究中，有两种实验情景，一种是联合注意情景，即成年人首先看着婴儿的脸，然后将眼睛转向屏幕上呈现的新奇事物；第二种是非联合注意情景，即成年人在整个过程没有注视婴儿，一直看着屏幕上的新奇事物。记录被试者在这两种实验情景中的脑电活动，结果发现，在联合注意情景中，婴儿追随成年人看屏幕上呈现的新奇事物的概率与在非联合注意情景中婴儿看新奇事物的概率没有显著的差异。通过比较刺激呈现之后 350—550ms 内婴儿的脑电波发现，当婴儿与成年人共同注意屏幕上呈现的新奇事物时，脑电波的负成分的波幅增强。

婴幼儿情绪理解的神经机制的研究主要集中在面部表情识别方面。例如，郝明思和斯特利安诺（Hoehl & Striano，2008）采用事件相关电位方法研究了7个月的婴儿识别恐惧和愤怒表情的脑电活动。实验者分别向被试者呈现恐惧和愤怒的照片，结果发现，婴儿在识别恐惧表情时诱发更大的N290，而在识别愤怒表情时诱发更大的P400。

郝明思等人还探讨了婴幼儿意图理解的神经机制，例如，里德等人（Reid，et al.，2009）采用事件相关电位技术比较9个月的婴儿和成年人理解他人意图时的脑电活动差异。给被试者呈现几组演员吃东西的连续动作的照片，一种类型的照片是演员完整吃东西的照片，另一种类型的照片是演员在最后一张照片中没有完成吃东西的动作。结果发现，9个月的婴儿在看完整吃东西的动作照片时诱发了与成人相似的N400，而7个月的婴儿却不能诱发N400，因此，他们认为，9个月的婴儿已经能够预测他人行为的目的，并具有与成人相似的神经机制。

目前采用这种认知神经科学技术研究婴幼儿心理理论的神经基础，仍然存在一定困难，因为婴幼儿的注意、控制能力和行为都会对结果产生影响，而且实验中采用合适的任务也很关键。探讨婴幼儿的心理理论发展与对应的大脑发育的神经机制具有重要的理论意义和教育实践价值。

二　遗传机制

尽管环境会影响心理理论的发生和发展，但是人类的心理理论发展遵循着相同的规律，这意味着心理理解能力的发展具有一定的遗传基础（DeSoto，Bumgardner，Close & Geary，2007；C. Lackner，Sabbagh，Hallinan，Liu & Holden，2012；C. L. Lackner，Bowman & Sabbagh，2010）。夏、吴和苏（Xia，Wu & Su，2012）初步考察了儿茶酚胺氧位甲基转移酶（Catechol-O-methyltrans-ferase：COMT）基因rs4680、rs4633、rs2020917、rs2239393、rs737865、rs174699和rs59938883多态性位点与心理理论的关系，结果发现，COMT基因rs2020917和rs737865多态性位点与心理理论的认知成分相关，而COMT基因rs59938883多态性位点与心理理论的情感成分相关，因此，他们认为，COMT基因与心理理论密切相关，并且COMT基因的不同位点与心理理论的不同成分有关。还有一些研究者考察了激素水平与心理理论的关系，例如，马什、于、派因和布莱尔（Marsh，Yu，Pine & Blair，2010）采用双盲实验考察了催产素（脑下垂体后叶荷尔蒙之一）与面部表情识别的关系，在实验中，向实验组被试者注射催产素激素，向对照组被试者注射安慰剂，35 分钟之后要求被试者识别愤怒、厌恶、恐惧、快乐、伤心和惊讶等面部表情，结果发现，催产素能够显著增加识别快乐表情的次数，而对于识别其他表情作用不显著，因此，他们认为催产素能够提高人们识别积极情绪的能力。

据我们所知，目前还缺乏以婴幼儿为对象的研究。尽管随着年龄增长，在正常情况下，个体的遗传基因结构总体上可能不会发生改变，但是在遗传机制表现上成人与婴幼儿之间还是存在一定的差异，如激素分泌和神经递质会随着年龄的增长有所不同（Leifke，et al.，2008；MacNaughton，Banah，McCloud，Hee & Burger，2008；Volkow et al.，1996）。心理理论的发生与发展同其他认知功能和社会功能一样，可能受到基因、遗传特征和环境的共同作用，因此，即使已有研究为解释心理理论与生物学基础的关系提供了初步证据，但是以成人为研究对象的结果在推广到婴幼儿上应该谨慎。这些探索性研究还是能够给我们一定的启发，即个体的心理理论发生和发展是生物学基础和环境交互作用的结果。

主要参考文献

中文部分

陈欣银、Kenneth H. Rubin、李丹、李正云、李伯黍：《中国和西方儿童的社会行为及其社会接受性研究》，《心理科学》1992 年第 15 卷第 2 期，第 1—7 页。

陈璟、李红：《幼儿心理理论愿望信念理解与情绪理解关系研究》，《心理发展与教育》2008 年第 24 卷第 1 期，第 7—13 页。

丁芳：《儿童的观点采择、移情与亲社会行为的关系》，《山东教育学院学报》2001 年第 1 期，第 10—13 页。

寇彧、王磊：《儿童亲社会行为及其干预研究述评》，《心理发展与教育》2003 年第 4 期，第 86—91 页。

李丹：《儿童角色采择能力与利他行为发展的相关研究》，《心理发展与教育》1994 年第 2 期，第 8—14 页。

李丹：《儿童亲社会行为发展研究述评》，《心理科学》2001 年第 24 卷第 2 期，第 202—204 页。

李佳、苏彦捷：《纳西族和汉族儿童情绪理解能力的发展》，《心理科学》2005 年第 28 卷第 5 期，第 1131—1134 页。

刘明、邓赐平、桑标：《幼儿心理理论与社会行为发展关系的初步研究》，《心理发展与教育》2002 年第 18 卷第 2 期，第 39—43 页。

刘文、杨丽珠：《3—9 岁儿童气质类型研究》，《心理与行为研究》2004 年第 2 卷第 4 期，第 65—68 页。

刘文：《3—9 岁儿童气质发展及其与个性相关因素关系的研究》，辽宁师范大学博士学位论文，2002 年。

刘雯、杨丽珠：《气质与儿童社会化研究评介》，《辽宁师范大学学报》

（社会科学版）2000 年第 23 卷第 1 期，第 64—67 页。

马伟娜、洪灵敏、桑标：《同伴交往，亲子交往与儿童心理理论发展的关系》，《心理科学》2009 年第 32 卷第 1 期，第 81—84 页。

莫书亮、苏彦捷、张亚旭：《特定句法提示对 3—4 岁儿童错误信念理解的影响》，《心理学报》2007 年第 39 卷第 1 期，第 104—110 页。

莫书亮、苏彦捷：《孤独症的心理理论研究及其临床应用》，《中国特殊教育》2003 年第 7 卷第 5 期，第 75—80 页。

莫书亮、赵迎春、苏彦捷：《心理理论的比较认知研究》，《心理科学进展》2004 年第 12 卷第 6 期，第 860—867 页。

莫书亮、商冲晨、陶莉莉、贾蒙蒙：《3—5 岁儿童的心理理论发展与师生关系和同伴交往能力：一个纵向研究》，《教育研究与实验》2012 年第 2 卷，第 85—88 页。

莫书亮、陶莉莉、贾蒙蒙、周宗奎：《心理理论和气质对 3—5 岁幼儿的攻击—破坏行为的相对作用》，《心理研究》2012 年第 5 卷第 1 期，第 28—32 页。

莫书亮、苏彦捷、周宗奎：《学龄儿童的失言理解与社会交往技能和语言的关系》，《北京大学学报》（自然科学版）2009 年第 45 卷第 6 期，第 1068—1074 页。

庞丽娟、陈琴、姜勇、叶子：《幼儿社会行为发展特点的研究》，《心理发展与教育》2001 年第 17 卷第 1 期，第 24—30 页。

商冲晨、莫书亮：《家庭微系统对幼儿心理理论发展的影响：因素、过程和机制》，《心理科学进展》2010 年第 18 卷第 6 期，第 914—923 页。

皮忠玲、莫书亮：《婴儿心理理论的发展：表现和机制》，《心理科学进展》2013 年第 21 卷第 8 期，第 1408—1421 页。

苏彦捷、俞涛、傅莉、王彦：《2—5 岁儿童愿望理解能力的发展》，《心理发展与教育》2005 年第 21 卷第 4 期，第 1—6 页。

王美芳、陈会昌：《错误信念理解后儿童心理理论的发展》，《心理发展与教育》2001 年第 2 卷，第 45—48 页。

王益文、林崇德、张文新：《儿童攻击行为与“心理理论”关系的研究》，《心理科学》2004 年第 27 卷第 3 期，第 540—544 页。

王海梅、陈会昌、张光珍：《4—6 岁儿童对“偶得物品”与“拥有物品”

的分享行为》，《心理发展与教育》2005 年第 3 卷，第 37—43 页。

王彦、苏彦捷：《5 至 8 岁儿童心理理论各成分的发展及其关系》，《北京大学学报》（自然科学版）2008 年第 44 卷第 4 期，第 639—646 页。

王异芳、苏彦捷：《7—9 岁儿童二级错误信念和失言理解的发展》，《心理发展与教育》2008 年第 24 卷第 3 期，第 15—20 页。

张晓、陈会昌：《关系因素与个体因素在儿童早期社会能力中的作用》，《心理发展与教育》2008 年第 4 卷，第 19—24 页。

张晓、王晓艳、陈会昌：《气质与童年早期的师生关系：家庭情感环境的作用》，《心理学报》2010 年第 42 卷第 7 期，第 768—778 页。

张玉萍、苏彦捷：《混龄编班对四岁儿童心理理论发展的影响》，《心理科学》2007 年第 30 卷第 6 期，第 1397—1401 页。

张元：《4—6 岁幼儿同伴交往能力量表的编制》，《江苏教育学院学报》（社会科学版）2002 年第 18 卷第 1 期，第 42—44 页。

赵景欣、申继亮、张文新：《幼儿情绪理解、亲社会行为与同伴接纳之间的关系》，《心理发展与教育》2006 年第 22 卷第 1 期，第 1—6 页。

英文部分

Adams Jr., R. B., Rule, N. O., Franklin Jr., R. G., Wang, E., Stevenson, M. T., Yoshikawa, S., Ambady, N. (2010). Cross-cultural reading the mind in the eyes: An fMRI investigation. *Journal of Cognitive Neuroscience*, 22(1), 97 - 108.

Ahola Kohut, S., Pillai Riddell, R., Flora, D. B., & Oster, H. (201 2). A longitudinal analysis of the development of infant facial expressions in response to acute pain: Immediate and regulatory expressions. *Pain*, 153 (12), 2458 - 2465.

Akhtar, N., & Gernsbacher, M. A. (2007). Joint attention and vocabulary development: a critical look. *Language and Linguistics Compass*, 1(3), 195 - 207.

Amano, S., Kezuka, E., & Yamamoto, A. (2004). Infant shifting attention from an adult's face to an adult's hand: A precursor of joint attention. *Infant Behavior and Development*, 27(1), 64 - 80.

Arranz, E., Artamendi, J., Olabarrieta, F. & Martin, J. (2002). Family context and theory of mind development. *Early Child Development and Care*,172(1), 9-22.

Asperger,H. (1944). Die"Autistischen Psychopathen" in Kindesalter, *European Archives of Psychiatry and Clinical Neuroscience*,117(1),76-136.

Astington, J. W., Baird, J. A. (2005). Why language matters for theory of mind. In Astington, J. W., Baird, J. A. (Eds.). Introduction: Why language matters. Oxford:Oxford University Press,3-25.

Astington,J. W.,Jenkins,J. M. (1999). A longitudinal study of the relation between language and theory-of-mind development. *Developmental Psychology*, 35(5),1311-1320.

Astington,J. W. (1991). Intention in the child's theory of mind. In D. Frye & C. Moore(Eds.),*Chlidren's theories of mind*(pp. 157-172). Hillsdale, NJ: Erlbaum.

Atance,C. M. Bélanger,M. & Meltzoff, A. N. (2010). Preschoolers' understanding of others' desires: Fulfilling mine enhances my understanding of yours. *Developmental psychology*,46(6),1505-1513.

Baillargeon, R., Scott, R. M., & He, Z. (2010). False-belief understanding in infants. *Trends in Cognitive Sciences*,14(3),110-118.

Baron-Cohen, S. (1995). *Mindblindness: An essay on autism and theory of mind.* Cambridge, MA: MIT Press/Bradford.

Baron-Cohen, S. (1997). How to build a baby that can read minds: Cognitive mechanisms in mindreading. *The maladapted mind*,207-239.

Baron-Cohen, S. (1997). *Mindblindness: An essay on autism and theory of mind*, MIT Press.

Baron-Cohen, S., Leslie, A. M., & Frith, U. (1985). Does the autistic child have a"theory of mind"? *Cognition*,21(1),37-46.

Baron-Cohen, S., Leslie, A. M., & Frith, U. (1986). Mechanical, behavioural and intentional understanding of picture stories in autistic children. *British Journal of Developmental Psychology*,4(2),113-125.

Baron-Cohen, S.,O' Riordan M., Stone, V, et al. (1999). Recognition of faux pas by normally developing children and children with Asperger syndrome or high-functioning autism. *Journal of Autism and Developmental Disorder*, 29 (5),407 - 418.

Baron-Cohen, S. , Ring, H. A. , Wheelwright, S. , Bullmore, E. T. , Brammer, M. J. , Simmons, A. , & Williams, S. C. R. (2008). Social intelligence in the normal and autistic brain: an fMRI study. *European Journal of Neuroscience*, 11 (6),1891 - 1898.

Baron-Cohen, S. , Wheelwright, S. , Hill, J. , Raste, Y. , & Plumb, I. (2001). The "Reading the mind in the eyes" test revised version: A study with normal adults, and adults with Asperger syndrome or high-functioning autism. *Journal of Child Psychology and Psychiatry*, 42(2), 241 - 251.

Barth, J. , Reaux, J. E. , & Povinelli, D. J. (2005). Chimpanzees' (Pan troglodytes) use of gaze cues in object-choice tasks: different methods yield different results. *Animal Cognition*, 8(2), 84 - 92.

Behne, T. , Carpenter, M. , & Tomasello, M. (2005). One-year-olds comprehend the communicative intentions behind gestures in a hiding game. *Developmental Science*, 8(6), 492 - 499.

Berguno G. , & Bowler, D. M. (2004). Communicative Interactions, Knowledge of a Second Language, and Theory of Mind in Young Children. *The Journal of Genetic Psychology*, 165(3), 293 - 309.

Birch, S. A. J. , & Bloom, P. (2004). Understanding children's and adults'limitations in mental state reasoning. *Trends in Cognitive Science*, 8(6), 255 - 260.

Birch, S. A. J. , & Bloom, P. (2007). The curse of knowledge in reasoning about false beliefs. *Psychological Science*, 18(5), 382 - 386.

Blake, P. R. , & Harris, P. L. (2009). Children's understanding of ownership transfers. *Cognitive Development*, 24, 133 - 145.

Bosacki, S. , & Astington, J. W. (1999). Theory of mind in preadolescence: Relations between social understanding and social competence. *Social Development*, 8(2), 237 - 255.

Brandone, A. C. , & Wellman, H. M. (2009). You can't always get what you want: infants understand failed goal-directed actions. *Psychological Science*, 20

(1),85 -91.

Bronfenbrenner,U. (Ed.). (1979). *The ecology of human development: Experiments by nature and design.* Cambridge: M. A.: Harvard University Press.

Brooks,R., & Meltzoff,A. N. (2005). The development of gaze following and its relation to language. *Developmental Science*,8(6),535 -543.

Brooks,R., & Meltzoff,A. N. (2008). Infant gaze following and pointing predict accelerated vocabulary growth through two years of age: a longitudinal, growth curve modeling study. *Journal of Child Language*,35(1),207 -220.

Brownell,C. A.,Ramani,G. B., & Zerwas,S. (2006). Becoming a social partner with peers: cooperation and social understanding in one-and two-year-olds. *Child Development*,77(4),803 -821.

Butterworth,G., & Cochran,E. (1980). Towards a mechanism of joint visual attention in human infancy. *International Journal of Behavioral Development*,3(3),253 -272.

Call,J., & Tomasello,M. (1999). A nonverbal false belief task: The performance of children and great apes. *Child Development*,70,381 -395.

Call,J., & Tomasello,M. (2008). Does the chimpanzee have a theory of mind? 30 years later. *Trends in Cognitive Sciences*,12(5),187 -192.

Carlson,S. M.,Mandell,D. J., & Williams,L. (2004). Executive function and theory of mind: Stability and prediction from ages 2 to 3. *Developmental Psychology*,40(6),1105 -1122.

Carpendale,J. M., & Lewis,C. (2004). Constructing an understanding of mind: the development of children's social understanding within social interaction. *Behavioral and Brain Science*,27,79 -151.

Carpenter,M.,Call,J., & Tomasello,M. (2002). A new false belief test for 36-month-olds. *British Journal of Developmental Psychology*,20(3),393 -420.

Carpenter, M., Nagell, K., Tomasello, M., Butterworth, G., & Moore, C. (1998). Social cognition, joint attention, and communicative competence from 9 to 15 months of age. *Monographs of the Society for Research in Child Development*,63(4)(Serial No. 255).

Cassidy,K. W.,Werner,R. S.,Rourke,M.,Zubernis,L. S., & Balaraman,G.

(2003). The relationship between psychological understanding and positive social behaviors. *Social Development*, 12(2), 198 - 221.

Cheung, H. (2006). False belief and language comprehension in Cantonese-speaking children. *Journal of Experimental Child Psychology*, 95(2), 79 - 98.

Chin, H. Y., & Bernard-Opitz, V. (2000). Teaching conversational skills to children with autism: Effect on the development of a theory of mind. *Journal of Autism and Developmental Disorders*, 30(6), 569 - 583.

Clements, W. A., & Perner, J. (1994). Implicit understanding of belief. *Cognitive Development*, 9(4), 377 - 395.

Clements, W. A., Rustion, C., & McCallum, S. (2002). Promoting the transition from implicit to explicit understanding: A training study of false belief. *Developmental Science*, 3(1), 81 - 92.

Colonnesi, C., Zijlstra, B. J. H., van der Zande, A., & Bögels, S. M. (2012). Coordination of gaze, facial expressions and vocalizations of early infant communication with mother and father. *Infant Behavior and Development*, 35(3), 523 - 532.

Corkum, V., & Moore, C. (1998). The origins of joint visual attention in infants. Developmental Psychology. *Developmental Psychology*, 34(1), 28 - 38.

de Villiers, J. G., & de Villiers, P. A. (2000). Linguistic determinism and the understanding of false beliefs. In Mitchell, P. and Riggs, K. J. (Ed.); *Children's Reasoning and the Mind.* (pp. 191 - 228), Hove, England: Psychology Press.

de Villiers, J. & G., Pyers, J. E. (2002). Complements to cognition: a longitudinal study of the relationship between complex syntax and false-belief-understanding. *Cognitive Development*, 17(1), 1037 - 1060.

de Villiers, J. G. (2000). Language and theory of mind: What are the developmentalrelationships? In S. Baron-Cohen, H. Tager-Flusberg, D. J. Cohen(Eds.), *Understanding Other Minds: Perspectives from Developmental Cognitive Neuroscience*(pp. 83 - 123). Oxford: Oxford University Press.

Dennett, D. C. (1978). Three kinds of intentional psychology. *The Perspectives in the Philosophy of Language: A Concise Anthology*, 163 - 186.

de Rosnay, M. , & Hughes, C. (2006). Conversation and theory of mind: Do children talk their way to socio-cognitive understanding? *British Journal of Developmental Psychology*, 24(1):7 - 37.

DeSoto, M. C. , Bumgardner, J. , Close, A. , & Geary, D. C. (2007). Investigating the role of hormones in theory of mind. *North American Journal of Psychology*, 9(3), 535 - 544.

Diego, M. A. , Field, T. , Jones, N. A. , Hernandez-Reif, M. , Cullen, C. , Schanberg, S. , & Kuhn, C. (2004). EEG responses to mock facial expressions by infants of depressed mothers. *Infant Behavior and Development*, 27(2), 150 - 162.

Dixon, W. E. , Jr. , & Smith, P. H. (2000). Links between temperament and language acquisition. *Merrill-Palmer Quarterly*, 46(3), 417 - 440.

Dockett, S. (1998). Constructing understandings through play in the early years. *International Journal of Early Years Education*, 6(1), 105 - 116.

Doherty, M. J. (2006). The development of mentalistic gaze understanding. *Infant and Child Development*, 15(2), 179 - 186.

Doherty, M. J. (2008). *Theory of mind: How children understand others' thoughts and feelings*, Psychology Press.

Eisenberg-Berg, N. , Haake, R. J. , & Bartlett, K. (1981). The effects of possession and ownership on the sharing and proprietary behaviors of preschool children. *Journal of Developmental Psychology*, 27(1), 61 - 68.

Ensor, R. & Hughes, C. (2005). More than talk: Relations between emotion understanding and positive behavior in toddlers. *British Journal of Developmental Psychology*, 23(3), 343 - 363.

Evans, V. C. , Berthiaume, V. G. , & Shultz, T. R. (2010). Toddlers' transitions on non-verbal false-belief tasks involving a novel location: A constructivist connectionist model. Paper presented at the Development and Learning (ICDL), 2010 IEEE 9th International Conference.

Feinfield, K. A. , Lee, P. P. , Flavell, E. R. , Green, F. L. & Flavell, J. H. (1999). Young children's understanding of intention. *Cognitive Development*, 14(3), 463 - 486.

Figueras-Costa, B., & Harris, P. (2001). Theory of mind development in deaf children: A nonverbal test of false-belief understanding. *Journal of Deaf Studies and Deaf Education*, 6(2), 92 - 102.

Flavell, J. H. (2000). Development of children's knowledge about the mental world. *International Journal of Behavioral Development*, 24(1), 15 - 23.

Flavell, J. H. (2004). Theory-of-mind development: retrospect and prospect. *Merrill-Palmer Quarterly*, 50(3), 274 - 290.

Fox, N. A., & Henderson, H. A. (1999). Does infancy matter? Predicting social behavior from infant temperament. *Infant Behavior & Development*, 22(4), 445 - 455.

Freeman, N. H. (2000). Communication and representation: Why mentalistic reasoning is a lifelong endeavour. In Mitchell, P. & Riggs, K. J. (Eds.). Children's reasoning and the mind (pp. 349 - 366). Hove, England: Psychology Press.

Friedman, O., Neary, K. R., Burnstein, C. L. & Leslie, A. M. (2010). Is young children's recognition of pretense metarepresentational or merely behavioral? Evidence from 2-and 3-year-olds'understanding of pretend sounds and speech. *Cognition*, 115(2), 314 - 319.

Frith, U., Morton, J., & Leslie, A. M. (1991). The cognitive basis of a biological disorder: Autism. *Trends in Neurosciences*, 14(10), 433 - 438.

Gaffan, E. A., Martins, C., Healy, S., & Murray, L. (2010). Early social experience and individual differences in infants' joint attention. *Social Development*, 19(2), 369 - 393.

Gallagher, H. L., Happé, F., Brunswick, N., Fletcher, P. C., Frith, U., & Frith, C. (2000). Reading the mind in cartoons and stories: An FMRI study of "theory of mind" in verbal and nonverbal tasks. *Neuropsychologia*, 38(1), 11 - 21.

Garnham, W. A., & Ruffman, T. (2001). Doesn't see, doesn't know: is anticipatory looking really related to understanding or belief? *Developmental Science*, 4(1), 94 - 100.

Geangu, E., Benga, O., Stahl, D., & Striano, T. (2011). Individual Differences in Infants' Emotional Resonance to a Peer in Distress: Self-Other Awareness and

Emotion Regulation. *Social Development*,20(3),450 – 470.

Grossberg,S.,& Vladusich,T. (2010). How do children learn to follow gaze, share joint attention, imitate their teachers, and use tools during social interactions? *Neural Networks*,23(8 – 9),940 – 965.

Grossmann,T.,Striano,T.,& Friederici,A. D. (2007). Developmental changes in infants' processing of happy and angry facial expressions: A neurobehavioral study. *Brain and cognition*,64(1),30 – 41.

Hadwin,J., Baron-Cohen, S., Howlin, P., & Hill, K. (1997). Does teaching theory of mind have an effect on the ability to develop conversation in children with autism? *Journal of Autism and Developmental Disorders*, 27 (5), 519 – 537.

Hale C. M.,& Tager-Flusberg H. (2003). The influence of language on theoryof mind: A training study. *Developmental Science*,6(3),346 – 359.

Happé,F. G. E.,Winner,E.,& Brownell,H. (1998). The getting of wisdom: Theory of mind in old age. *Developmental Psychology*,34(2),358 – 362.

Happé,F. G. E. (1994). An advanced test of theory of mind: Understanding of story characters' thoughts and feelings by able autistic, mentally handicapped, and normal children and adults. *Journal of Autism and Developmental Disorders*,24(2):129 – 154.

Harris,P. L.,de Rosnay M.,& Pons,F. (2005). Language and children's understanding of mental states. *Current Directions in Psychological Science*, 14 (2),68 – 73.

Harris,P. L.,Kavanaugh,R. D.,Wellman,H. M.,& Hickling,A. K. (1993). Young children's understanding of pretense. *Monographs of the society for research in child development.*

Harris,P. L.,Johnson,C. N.,Hutton,D.,Andrews,G. & Cooke,T. (1989). Young children's theory of mind and emotion, *Cognition and Emotion*,3(4), 379 – 400.

Hay, D. F. (2005). Early peer relations and their impact on children's development. R. E. Tremblay, R. G. Barr, & RDeV Peters, (Eds.). *Encyclopedia on Early Childhood Development*(*online*). Montréal, Québec: Centre of

Excellence for Early Childhood Development. Récupéré le, 16.

He, Z., Bolz, M., & Baillargeon, R. (2010). False-belief understanding in 2.5-year-olds: evidence from violation-of-expectation change-of-location and unexpected-contents tasks. *Developmental Science*, 14(2), 292-305.

He, Z., Bolz, M. & Baillargeon, R. (2012). 2.5-year-olds succeed at a verbal anticipatory-looking false-belief task. *British Journal of Developmental Psychology*, 30(1), 14-29.

Herbert, J. S. (2011). The effect of language cues on infants' representational flexibility in a deferred imitation task. *Infant Behavior and Development*, 34(4), 632-635.

Heyman, G. D., & Gelman, S. A. (2000). Beliefs about the origins of human psychological traits. *Developmental Psychology*, 36, 663-678.

Kim, S., & Kalish, C. W. (2009). Children's ascriptions of property rights with changes of ownership. *Cognitive Development*, 24, 322-336.

Hoehl, S., & Striano, T. (2008). Neural processing of eye gaze and threat-related emotional facial expressions in infancy. *Child Development*, 79(6), 1752-1760.

Hoehl, S., & Striano, T. (2010). Infants' neural processing of positive emotion and eye gaze. *Social neuroscience*, 5(1), 30-39.

Hoehl, S., Reid, V., Mooney, J., & Striano, T. (2008). What are you looking at? Infants' neural processing of an adult's object-directed eye gaze. *Developmental Science*, 11(1), 10-16.

Hogrefe, G. J., Wimmer, H., & Perner, J. (1986). Ignorance versus false belief: A developmental lag in attribution of epistemic states. *Child Development*, 57(3), 567-582.

Hughes, C., & Ensor, R. (2007). Executive function and theory of mind: Predictive relations from ages 2 to 4. *Developmental Psychology*, 43(6), 1447-1459.

Hunnius, S., Bekkering, H., & Cillessen, A. H. N. (2009). The association between intention understanding and peer cooperation in toddlers. *International Journal of Developmental Science*, 3(4), 368-388.

Keysar, B. , Lin S. , & Barr, D. (2003). Limits on theory of mind use in adults. *Cognition*, 89(1), 25 – 41.

Kobayashi, C. , Glover, G. H. , & Temple, E. (2006). Cultural and linguistic influence on neural bases of "Theory of Mind": An fMRI study with Japanese bilinguals. *Brain and Language*, 98(2), 210 – 220.

Kobayashi, C. , Glover, G. H. & Temple, E. (2007). Cultural and linguistic effects on neural bases of "Theory of Mind" in American and Japanese children. *Brain research*, 1164, 95 – 107.

Kovács, Á. M. , Téglás, E. & Endress, A. D. (2010). The social sense: Susceptibility to others' beliefs in human infants and adults. *Science*, 330(6012), 1830 – 1834.

Kuhn, D. (2000). Metacognitive development. *Current directions in psychological science*, 9(5), 178 – 181.

Kuhn, D. (2000). Theory of mind, metacognition, and reasoning: A life-span perspective. In P. Mitchell & K. J. Riggs(Eds.). Children's reasoning and the mind(pp. 301 – 326). Hove, England: Psychology Press.

Kwisthout, J. , Vogt, P. , Haselager, P. , & Dijkstra, T. (2008). Joint attention and language evolution. *Connection Science*, 20(2 – 3), 155 – 171.

Lackner, C. L. , Bowman, L. C. , & Sabbagh, M. A. (2010). Dopaminergic functioning and preschoolers' theory of mind. *Neuropsychologia*, 48(6), 1767 – 1774.

Lackner, C. , Sabbagh, M. A. , Hallinan, E. , Liu, X. , & Holden, J. J. A. (2012). Dopamine receptor D4 gene variation predicts preschoolers' developing theory of mind. *Developmental Science*, 15(2): 27 2 – 280.

Lalonde C. E. , &Chandler M. J. (1995). False belief understanding goes to school: On the social-emotional consequences on coming early or late to a first theory of mind. *Cognition and Emotion*, 9(2/3), 167 – 185.

Lee, K. , Eskritt, M. , Symons, L. A. , & Muir, D. (1998). Children's use of triadic eye gaze information for "mind reading". *Developmental Psychology*, 34(3), 525 – 539.

Leekam, S. R. (1991). Jokes and lies: Children's understanding of intentional falsehood. In Natural Theories of Mind: Evolution, Development and Simulation of Everyday Mindreading, ed. A. Whiten (Oxford: Basil Blackwell, 1991), 159 – 174.

Leifke, E., Gorenoi, V., Wichers, C., Von Zur Mühlen, A., Von Büren, E., & Brabant, G. (2008). Age-related changes of serum sex hormones, insulin-like growth factor-1 and sex-hormone binding globulin levelsin men: cross-sectional data from a healthy male cohort. *Clinical Endocrinology*, 53 (6), 689 – 695.

Leslie, A. M. (1987). Pretense and representation: The origins of "theory of mind". *Psychological Review*, 94 (4), 412 – 426.

Liszkowski, U., Carpenter, M., Striano, T., & Tomasello, M. (2006). 12- and 18-month-olds point to provide information for others. *Journal of Cognition and Development*, 7 (2), 173 – 187.

Liu, D., Wellman, H. M., Tardif, T., & Sabbagh, M. A. (2008). Theoryof mind development in Chinese children: A meta-analysis of false-belief understanding across cultures and languages. *Developmental Psychology*, 44 (2), 523 – 531.

Lohmann H., & Tomasello M. (2003). The role of language in the development of false belief understanding: A training study. *Child Development*, 74 (4), 1130 – 1144

Low, J. (2010). Preschoolers' implicit and explicit false-belief understanding: relations with complex syntactical mastery. *Child Development*, 81 (2), 59 7 – 615.

Lu, H., Su, Y., & Wang, Q. (2008). Talking about others facilitates theory of mind in Chinese preschoolers. *Developmental Psychology*, 44, 1726 – 1736.

Lundy, J. E. B. (2002). Age and language skills of deaf children in relation to theory of mind development. *Journal of Deaf Studies and Deaf Education*, 7 (1), 41 – 56.

Luo, Y., & Johnson, S. C. (2008). Recognizing the role of perception in action at 6 months. *Developmental Science*, 12 (1), 142 – 149.

MacNaughton, J., Banah, M., McCloud, P., Hee, J., & Burger, H. (2008). Age related changes in follicle stimulating hormone, luteinizing hormone, oestradiol and immunoreactive inhibin in women of reproductive age. *Clinical Endocrinology*,36(4),339 -345.

Maritorena,S. ,Siegel,D. A. ,& Peterson,A. R. (2002). Optimization of a semi-analytical ocean color model for global-scale applications. *Applied Optics*,41(15),2705 -2714.

Marsh,A. A. ,Yu,H. H. ,Pine,D. S. ,& Blair,R. J. R. (2010). Oxytocin improves specific recognition of positive facial expressions. *Psychopharmacology*,209(3),225 -232.

McDonald,L. A. ,Barbieri,L. R. ,Carter,G. T. ,Lenoy,E. ,Lotvin,J. ,Petersen,P. J. ,& Williamson,R. T. (2002). Structures of the muraymycins,novel peptidoglycan biosynthesis inhibitors. *Journal of the American Chemical Society*,124(35),10260 -10261.

Meins,E. ,Fernyhough,C. ,Arnott,B. ,Vittorini,L. ,Turner,M. ,Leekam,S. R. ,& Parkinson,K. (2011). Individual differences in infants' joint attention behaviors with mother and a new social partner. *Infancy*,16(6),587 -610.

Meltzoff,A. N. (1995). Understanding the intentions of others:Re-enactment of intended acts by 18-month-old children. *Developmental psychology*,31(5),838 -850.

Meristo,M. ,Falkman,K. W. ,Hjelmquist,E. ,Tedoldi,M. ,Surian,L. ,& Siegal,M. (2007). Language access and theory of mind reasoning:Evidence from deaf children in bilingual and oralist environments. *Developmental Psychology*,43(5),1156 -1169.

Miller,S. E. (2012). The relationship between executive function and joint attention in the second year of life. Unpublished Doctor dissertation. The University of North Carolina at Greensboro(UNCG).

Milligan,K. ,Astington,W. J. ,& Dack,L. A. (2007). Language and theory of mind:meta-analysis of the relation between language ability and false-belief understanding. *Child Development*,78(2),622 -646.

Moll,H. ,& Tomasello,M. (2006). Level 1 perspective-taking at 24 months of age. *BritishJournal of Developmental Psychology*,24(3),603 -613.

Morales, M. , Mundy, P. , Crowson, M. , Neal, R. , & Delgado, C. E. F. (2005). Individual differences in infant attention skills, joint attention, and emotion regulation behavior. *International Journal of Behavioral Development*, 29(3), 259 – 263.

Morales, M. , Mundy, P. , Delgado, C. E. F. , Yale, M. , Messinger, D. , Neal, R. , et al. (2000). Responding to joint attention across the 6 – through 24 – month age period and early language acquisition. *Journal of Applied Developmental Psychology*, 21(3), 283 – 298.

Müller, U. , Liebermann-Finestone Dana, P. , Carpendale Jeremy I. M. , Hammond I. Stuart, & Bibok, M. B. (2012). Knowing minds, controlling actions: The developmental relations between theory of mind and executive function from 2 to 4 years of age. *Journal of Experimental Child Psychology*, 111, 331 – 348.

Mumme, D. L. , & Fernald, A. (2003). The infant as onlooker: Learning from emotional reactions observed in a television scenario. *Child Development*, 74 (1), 221 – 237.

Mundy, P. , & Newell, L. (2007). Attention, joint attention, and social cognition. *Current Directions in Psychological Science*, 16(5), 269 – 274.

Murray, D. S. , Creaghead, N. A. , Manning-Courtney, P. , Shear, P. K. , Bean, J. , & Prendeville, J. A. (2008). The relationship between joint attention and language in children with autism spectrum disorders. *Focus on Autism and other Developmental Disabilities*, 23(1), 5 – 14.

Nielsen, M. , & Dissanayake, C. (2000). An investigation of pretend play, mental state terms and false belief understanding: In search of a metarepresentational link. British*Journal of Developmental Psychology*, 18, 609 – 624.

Nguyen, L. , & Frye, D. (1999). Children's theory of mind: Understanding of desire, belief and emotion with social referents. *Social Development*, 8 (1), 70 – 92.

Nichols, S. R. , Svetlova, M. , & Brownell, C. A. (2010). Toddlers' understanding of peers' emotions. *The Journal of Genetic Psychology*, 171(1), 35 – 53.

Olineck, K. M. , & Poulin-Dubois, D. (2009). Infants' understanding of intention from 10 to 14 months: Interrelations among violation of expectancy and imitation tasks. *Infant Behavior and Development*, 32(4), 404 – 415.

Onishi, K. H., & Baillargeon, R. (2005). Do 15-month-old infants understand false beliefs? *Science*, 308(5719), 255 – 258.

Pellicano, E., & Rhodes, G. (2003). The role of eye-gaze in understanding other minds. *British Journal of Developmental Psychology*, 21(1), 33 – 43.

Perner, J., Sprung, M., Zauner, P., & Haider, H. (2003). Want *That* is understood well before *Say* that, *Think* that, and false belief: A test of de Villiers's linguistic determinism on German-Speaking children. *Child Development*, 74(1), 179 – 188.

Perner, J. (1991). *Understanding the Representational Mind.* Cambridge, MA: Bradford Books, MIT Press.

Perner, J., & Wimmer, H. (1985). "John thinks that Mary thinks that…" attribution of second-order beliefs by 5-to 10-year-old children. *Journal of Experimental Child Psychology*, 39(3), 437 – 471.

Perner, J., Leekam, S. R., & Wimmer, H. (1987). Three-year-olds' difficulty with false belief: The case for a conceptual deficit. *British Journal of Developmental Psychology*, 5(1): 125 – 137.

Peterson, C. C., & Siegal, M. (2002). Insights into theory of mind from deafness and autism. *Mind & Language*, 15(1), 123 – 145.

Peterson, C. C., & Slaughter, V. P. (2006). Telling the story of theory of mind: deaf and hearing children's narratives and mental state understanding. *British Journal of Developmental Psychology*, 24(1), 151 – 179.

Peterson, C. C., & Wellman, H. M. (2009). From fancy to reason: Scaling deaf and hearing children's understanding of theory of mind and pretence. *British Journal of Developmental Psychology*, 27(2), 297 – 310.

Peterson, C. C., Wellman, H. M., & Liu, D. (2005). Steps in Theory-of-Mind Development for Children With Deafness or Autism. *Child Development*, 76(2), 502 – 517.

Peterson, C. C., Wellman, H. M., & Slaughter, V. (2012). The mind behind the message: Advancing Theory-of-Mind Scales for typically developing children, and those with deafness, autism, or Asperger Syndrome. *Child Development*, 83 (2), 469 - 485.

Phillips, A. T., Wellman, H. M., & Spelke, E. S. (2002). Infants' ability to connect gaze and emotional expression to intentional action. *Cognition*, 85 (1), 53 - 78.

Phillips, W., Baron-Cohen, S., & Rutter, M. (2011). Understanding intention in normal development and in autism. *British Journal of Developmental Psychology*, 16(3), 337 - 348.

Pianta, R. C., & Steinberg, M. Student-Teacher relationship scale. University of Virginia. 1992.

Pons, F., Lawson, J., Harris, P. L., & De Rosnay, M. (2003). Individual differences in children's emotion understanding: Effects of age and language. *Scandinavian Journal of Psychology*, 44(4), 347 - 353.

Pons, F., Lawson, J., Harris, P. L., & de Rosnay, M. (2003). Individual difference in children's emotion understanding: effects of age and language. *Scandinavian Journal of Psychology*, 44(2), 347 - 353.

Povinelli, D. J., & Vonk, J. (2003). Chimpanzee minds: suspiciously human? *Trends in cognitive sciences*, 7(4), 157 - 160.

Povinelli, D. J., Eddy, T. J., Hobson, R. P., & Tomasello, M. (1996). What young chimpanzees know about seeing. *Monographs of the Society for Research in Child Development.*

Povinelli, D. J., Reaux, J. E., Theall, L. A., & Giambrone, S. (2000). *Folk physics for apes: The chimpanzee's theory of how the world works*: Oxford University Press New York.

Premack, D., & Woodruff, G. (1978). Does the chimpanzee have a theory of mind? *Behavioral and Brain Sciences*, 1(4), 515 - 526.

Rachelle, S. (2009). Development of theory of mind from age' s four to eight. Dissertation Abstracts International: Section B: The Sciences and Engineering, 70(6 - B), 3813.

Rakoczy, H., Warneken, F., & Tomasello, M. (2007). "This way!", "No! That way!" 3-year-olds know that two people can have mutually incompatible desires. *Cognitive Development*,22(1),47 –68.

Rakoczy,H. ,Warneken,F. ,& Tomasello,M. (2008). The sources of normativity:young children's awareness of the normative structure of games. *Developmental Psychology*,44(3),875 –881.

Reid,V. M. ,& Striano,T. (2008). N 400 involvement in the processing of action sequences. *Neuroscience Letters*,433(2),93 –97.

Reid,V. M. ,Hoehl,S. ,Grigutsch,M. ,Groendahl,A. ,Parise,E. ,& Striano,T. (2009). The neural correlates of infant and adult goal prediction:evidence for semantic processing systems. *Developmental Psychology*,45(3),620 –629.

Remmel,E. ,Bettger,J. ,& Weinberg,A. (1998). The impact of ASL on theory of mind development. Paper presented at the Sixth International Conference on Theoretical Issues in Sign Language Research,Gallaudet University,Washington,D. C.

Remmel,E. ,Bettger,J. G. ,& Weinberg,A. M. (2001). Theory of mind development in deaf children. In M. D. Clark, M. Marschark, & M. Karchmer (Eds.), *Context, cognition, and deafness* (pp. 113 –134). Washington,DC:Gallaudet University.

Robins,D. L. ,Fein,D. ,Barton,M. L. ,& Green,J. A. (2001). The Modified Checklist for Autism in Toddlers:An initial study investigating the early detection of autism and pervasive developmental disorders. *Journal of Autism and Developmental Disorders*,31(2),131 –144.

Rothbart,M. K. (2005). Early temperament and psychosocial development. In: Tremblay R. E. ,Barr R. G. ,Peters R. D. ,eds. *Encyclopedia on Early Childhood Development* [*online*]. Montreal,Quebec:Centre of Excellence for Early Childhood Development,1 –6.

Ruffman,T. ,& Perner,J. (2005). Do infants really understand false belief? Response to Leslie. *Trends in Cognitive Sciences*,9,462 –463.

Ruffman,T. ,Garnham,W. ,Import,A. ,& Connolly,D. (2001). Does eye gaze indicate implicit knowledge of false belief? Charting transitions in knowledge. *Journal of Experimental Child Psychology*,80(3),201 –224.

Ruffman,T. ,Perner,J. ,Naito,M. ,Parkin,L. ,& Clements,W. A. (1998). Older (but not younger) siblings facilitate false belief understanding. *Developmental Psychology*,34,161 - 174

Rutherford,M. ,Baron-Cohen,S. ,& Wheelwright,S. (2002). Reading the mind in the voice: An study with normal adults and adults with Asperger syndrome and high functioning autism. *Journal of Autism and Developmental Disorders*, 32(3),189 - 194.

Sabbagh,M. A. ,& Taylor,M. (2000). Neural correlates of theory-of-mind reasoning: an event-related potential study. *Psychological Science*, 11 (1), 46 - 50.

Sakkalou, E. , & Gattis, M. (2012) . Infants infer intentions from prosody. *Cognitive Development*,27(1),1 - 16.

Sakkalou, E. , Ellis-Davies, K. , Fowler, N. C. , Hilbrink, E. E. , & Gattis, M. (2012). Infants show stability of goal-directed imitation. *Journal of experimental child psychology*,114(1),1 - 9.

Sanson,A, Hemphill, S. A. & Smart, D. (2004). Connection between temperament and social development: A review. *Social Development*, 13 (1), 143 - 170.

Saylor,M. M. , Baldwin, D. A. , Baird, J. A. , & LaBounty, J. (2007). Infants' on-line segmentation of dynamic human action. *Journal of Cognition and Development*,8(1),113 - 128.

Scaife,M. ,& Bruner, J. S. (1975). The capacity for joint visual attention in the infant. *Nature*. 253,265 - 266.

Schick,B. , de Villiers, P. , de Villiers, J. , Hoffmeister, R. (2007). Language and theory of mind: A study of deaf children. *Child Development*, 78 (2), 376 - 396.

Schult,C. A. (2002). Children's understanding of the distinction between intentions and desires. *Child Development*,73,1727 - 1747.

Schwarzer,G. ,& Jovanovic,B. (2010). The relationship between processing facial identity and emotional expression in 8 - month-old infants. *Infancy*, 15 (1),28 - 45.

Scott, R. M. , Baillargeon, R. , Song, H. , & Leslie, A. M. (2010). Attributing false beliefs about non-obvious properties at 18 months. *Cognitive Psychology*, 61(4),366 -395.

Scott,R. M. ,He,Z. ,Baillargeon,R. ,& Cummins,D. (2012). False-belief understanding in 2. 5-year-olds:evidence from two novel verbal spontaneous-response tasks. *Developmental Science*,15(2),181 -193.

Shahaeian,A. ,Peterson,C. C. ,Slaughter,V. ,& Wellman,H. M. (2011). Culture and the sequence of steps in theory of mind development. *Developmental Psychology*,47(5),1239 -1247.

Slaughter,V. ,Dennis,M. J. ,& Pritchard,M. (2002). Theory of mind and peer acceptance in preschool children. *British Journal of Developmental Psychology*,20,545 -564.

Smith,M. ,Apperly,I. ,& White,V. (2003). False belief reasoning and the acquisition of relative clause sentences. *Child Development*,74(6),1707 -1719.

Smith,P. K. ,& Boulton,M. (1990). Rough-and-tumble play, aggression and dominance:Perception and behavior in children's encounters. *Human Development*. 33(4 -5),271 -282.

Sodian,B. (2011). Theory of mind in infancy. *Child Development Perspectives*,5 (1),39 -43.

Song,H. ,& Baillargeon,R. (2008). Infants' reasoning about others' false perceptions. *Developmental Psychology*,44(6),1789 -1795.

Southgate,V. ,Chevallier,C. ,& Csibra,G. (2010). Seventeen-month-olds appeal to false beliefs to interpret others'referential communication. *Developmental Science*,13(6),907 -912.

Southgate,V. ,Senju,A. ,& Csibra,G. (2007). Action anticipation through attribution of false belief by 2-year-olds. *Psychological Science*, 18 (7), 587 -592.

Stahl,D. ,Parise,E. ,Hoehl,S. ,& Striano,T. (2010). Eye contact and emotional face processing in 6-month-old infants: Advanced statistical methods applied to event-related potentials. *Brain and Development*,32(4),305 -317.

Stone,V. E. ,Baron-Cohen,S. ,Knight,R . T. (1998). Frontal lobe contributions to theory of mind. *Journal of Cognitive Neuroscience*,10(5),640 -656.

Striano, T., & Stahl, D. (2005). Sensitivity to triadic attention in early infancy. *Developmental Science*, 8(4), 333 - 343.

Striano, T., & Vaish, A. (2006). Seven-to 9-month-old infants use facial expressions to interpret others' actions. *British Journal of Developmental Psychology*, 24(4), 753 - 760.

Striano, T., Reid, V. M., & Hoehl, S. (2006). Neural mechanisms of joint attention in infancy. *European Journal of Neuroscience*, 23(10), 2819 - 2823.

Sullivan, K., Zaitchik, D. & Tager-Flusberg H. (1994). Preschoolers can attribute second-order beliefs. *Developmental Psychology*, 30(3), 395 - 402.

Surian, L., Caldi, S., & Sperber, D. (2007). Attribution of beliefs by 13 - month-old infants. *Psychological Science*, 18(7), 580 - 586.

Swettenham, J. (1996). What's inside someone's head? Conceiving of the mind as a camera helps children with autism acquire an alternative to a theory of mind. *Cognitive Neuropsychiatry*, 1(1), 73 - 88.

Symons, D. K., & Clark, S. (2000). A longitudinal study of mother-child relationships and theory of mind in the preschool period. *Social Development*, 9, 1 - 23.

Symons, D. K. (2004). Mental state discourse, theory of mind, and the internalization of self-other understanding. *Developmental Review*, 24, 159 - 188.

Symons, D. K., Peterson, C., Slaughter, V., Roche, J., & Doyle, E. (2005). Theory of mind and mental state discourse during book reading and story telling tasks. *British Journal of Developmental Psychology*, 23, 81 - 102.

Symons, D. K., Fossum, K. L. M., & Collins, T. B. Kate (2006). A longitudinal study of belief and desire state discourse during mother-child play and later false belief understanding. *Social Development*, 15(4), 676 - 692.

Tager-Flusberg, H., & Cooper, J. (1999). Present and future possibilities for defining a phenotype for specific language impairment. *Journal of Speech, Language and Hearing Research*, 42(5), 1275-1278.

Tager-Flusberg, H., & Sullivan, K. (2000). A componential view of theory of mind: Evidence from Williams syndrome. *Cognition*, 76(1), 59 - 90.

Tardif, T., Kaciroti, N. (2007). Language and false belief: Evidence for general, not specific, effects in Cantonese-speaking preschoolers. *Developmental Psychology*,43(2):318 -340.

Tardif,T. ,Wellman H. M. (2000). Acquisition of mental state language in Mandarin-and Cantonese-speaking children. *Developmental Psychology*, 36 (1), 25 -43.

Taumoepeau, M. ,& Ruffman, T. (2006). Mother and infant talk about mental states relates to desire language and emotion understanding. *Child Development*,77(2),465 -481.

Taumoepeau, M. ,& Ruffman, T. (2008). Stepping stones to others' minds: Maternal talk relates to child mental state language and emotion understanding at 15,24, and 33 months. *Child Development*,79(2),284 -302.

Todd,J. T. & Dixon Jr, W. E. (2010). Temperament moderates responsiveness to joint attention in 11-month-old infants. *Infant and Child Development*,33(3), 297 -308.

Tomasello, M. ,& Farrar, M. J. (1986). Joint attention and early language. *Child Development*,1454 -1463.

Tomasello, M. ,Carpenter, M. ,& Liszkowski, U. (2007). A new look at infant pointing. *Child Development*,78(3),705 -722.

Tomasello, M. ,Carpenter, M. ,Call, J. ,Behne, T. ,& Moll, H. (2005). Understanding and sharing intentions: The origins of cultural cognition. *Behavioral and brain sciences*,28(5),675 -690.

Tomasello, M. ,Hare, B. ,Lehmann, H. ,& Call, J. (2007). Reliance on head versus eyes in the gaze following of great apes and human infants: the cooperative eye hypothesis. *Journal of Human Evolution*,52(3),314 -320.

Träuble, B. ,MarinoviĆ, V. ,& Pauen, S. (2010). Early theory of mind competencies: Do infants understand others' beliefs? *Infancy*,15(4),434 -444.

Tremblay, H. ,& Rovira, K. (2007). Joint visual attention and social triangular engagement at 3 and 6 months. *Infant Behavior and Development*, 30 (2), 366 -379.

Uller, C. ,& Nichols, S. (2000). Goal attribution in chimpanzees. *Cognition*,76 (2),B27 -B34.

Vallotton, C. D. (2010). Support or competition? Dynamic development of the relationship between manual pointing and symbolic gestures from 6 to 18 months of age. *Gesture*, 10(2-3), 150-171.

Vaughan Van Hecke, A., Mundy, P., Block, J. J., Delgado, C. E. F., Parlade, M. V., Pomares, Y. B., & Hobson, J. A. (2011). Infant responding to joint attention, executive processes, and self-regulation in preschool children. *Infant Behavior and Development*, 35(2), 303-311.

Volkow, N. D., Wang, G. J., Fowler, J. S., Logan, J., Gatley, S. J., MacGregor, R. R., & Wolf, A. P. (1996). Measuring age-related changes in dopamine D2 receptors with 11C-raclopride and 18F-N-methylspiroperidol. *Psychiatry Research: Neuroimaging*, 67(1), 11-16.

Vygotsky, L. S. *Mind in society: The development of higher psychological processes*. 1978, Cambridge, M. A.: Harvard University Press. 85-87.

Watson, A. C., Nixon, C. L., Wilson, A., & Capage, L. (1999). Social interaction skills and theory of mind in young children. *Developmental Psychology*, 35(2), 386-391.

Wattenhofer, M., Di Iorio, M., Rabionet, R., Dougherty, L., Pampanos, A., Schwede, T., Pasquadibisceglie, A. (2002). Mutations in the TMPRSS3 gene are a rare cause of childhood nonsyndromic deafness in Caucasian patients. *Journal of Molecular Medicine*, 80(2), 124-131.

Wellman, H. M., Hollander, M, Schult, C. A. (1996). Young children's understanding of thought bubbles and thoughts. *Child Development*, 67(3), 768-788.

Wellman, H. M. (1990). The child's theory of mind. Cambridge, MA: MIT Press.

Wellman, H. M., & Liu, D. (2004). Scaling of Theory-of-Mind Tasks. *Child Development*, 75(2), 523-541.

Wellman, H. M., & Woolley, J. D. (1990). From simple desires to ordinary beliefs: The early development of everyday psychology. *Cognition*, 35(3), 245-275.

Wellman, H. M., Cross, D. & Watson, J. (2001). Meta-analysis of theory of mind development: the truth about false belief. *Child Development*, 72 (3), 655 - 684.

Wellman, H. M., Lane, J. D., LaBounty, J., & Olson, S. L. (2011). Observant, nonaggressive temperament predicts theory-of-mind development. *Developmental Science*, 14(2): 319 - 326.

Wellman, H. M., Phillips, A. T., & Rodriguez, T. (2003). Young children's understanding of perception, desire, and emotion. *Child Development*, 71 (4), 895 - 912.

Wilson, A. E., Smith, M. D., & Ross, H. S. (2003). The nature and effects of young children's lies. *Social Development*, 12 (1), 21 - 45.

Wimmer, H., & Perner, J. (1983). Beliefs about beliefs: Representation and constraining function of wrong beliefs in young children's understanding of deception. *Cognition*, 13 (1), 103 - 128.

Wimmer, H., Gruber, S., & Perner, J. (1985). Youngchildren's conception of lying: Moral intuition and the denotation and connotation of "to lie". *Developmental Psychology*, 21 (6), 993 - 995.

Woodward, A. L., Sommerville, J. A., Gerson, S., Henderson, A. M. E., & Buresh, J. (2009). The emergence of intention attribution in infancy. *Psychology of Learning and Motivation*, 51, 187 - 222.

Woolley, J. D., & Wellman, H. M. (1990). Young children's understanding of realities, nonrealities, and appearances. *Child Development*, 61 (4), 946 - 961.

Xia H., Wu N., & Su Y. (2012). Investigating the genetic basis of theory of mind (ToM): The role of Catechol-O-Methyltrans ferase (COMT) gene polymorphisms. *Plos One*, 7 (11), 1 - 6.

Xu Jie, Ji Donghong, Kim Teng Lua. *Chinese Syntax and Semantics.* Pearson Prentice Hall. Singapore, 2003.

Youngblade, L. M., & Dunn, J. (1995). Individual differences in young children's pretend play with mother and sibling: Links to relationships and understanding of other people's feelings and beliefs. *Child Development*, 66 (5), 1472 - 1492.

Zaitchik, D. (1990). When representations conflict with reality: The preschooler's problem with false beliefs and "false" photographs. *Cognition*, 35 (1), 41-68.

Ziv, M., & Frye, D. (2003). The relation between desire and false belief in children's theory of mind: No satisfaction? *Developmental Psychology*, 39 (5), 859-876.

附　　录

（一）游戏互动情况访谈提纲

访谈时间：____年____月____日　　研究者：________和__________

儿童姓名：__________　性别：________　出生年月：____________

儿童所在幼儿园及班级：____

实验当天，家人在场情况：

A. 妈妈　　　　　　　B. 爸爸　　　　　　　C. 爷爷（或外公）

D. 奶奶（或外婆）　　E. 其他__________________

1. 一般是谁经常与宝宝游戏？

（如：爸爸、妈妈、还是爸爸和妈妈都参加游戏，或爷爷、奶奶、外公、外婆？）

____

2. 多久和宝宝做一次游戏？[如：A. 每天　B. 1～2 天一次　C. 3～4 天一次　D. 每星期一次（周末）]

____

3. 每次和宝宝游戏多长时间？一天累计下来，和宝宝游戏多长时间？

____

4. 和宝宝一般进行何种游戏？（如玩玩具、讲故事、共同阅读故事、运动型游戏等）

①________________　②________________　③________________

④________________　⑤________________　⑥________________

____

对每种游戏进行的频率进行评定：

从不　　偶尔　　经常　　总是

（如：玩玩具　　1　　2　　3　　4　）

①________________________________

②________________________________

③________________________________

④________________________________

⑤________________________________

⑥________________________________

⑦________________________________

（二）亲子互动记录纸

儿童姓名：______________

实验者：________________　摄像人员：________________

记录时间：_____年_____月_____日

第一部分：亲子共同阅读故事书记录纸

故事1：我不想上学

游戏时长：__________________

游戏情况记录：

①亲子互动情况：A. 互动多　　B. 互动少

C. 无互动（家长仅讲故事，宝宝仅听故事）

____

②故事发挥、扩展情况：A. 发挥较多　　B. 发挥中等

C. 无发挥（仅照书念）如何发挥、扩展故事（如联系宝宝自身情况等）：

____

③心理状态术语使用情况：

数量（如：多、中等、少）：____________　类型：__________

提及他人使用情况：

④数量（如：多、中等、少）：____________　类型：__________

其他（备注）：

____

____

故事2：故事名字：孔融让梨

游戏时长：____________________________

游戏情况记录：

①亲子互动情况：A. 互动多　　　　B. 互动少

C. 无互动（家长仅讲故事，宝宝仅听故事）

____

②心理状态术语使用情况：

数量（如：多、中等、少）：____________　类型：__________

③提及他人使用情况：

数量（如：多、中等、少）：____________　类型：__________

④其他（备注）：

____

____

故事3：故事名字：狼来了

游戏时长：________________

游戏情况记录：

①亲子互动情况：A. 互动多　　　　B. 互动少

C. 无互动（家长仅讲故事，宝宝仅听故事）

____

②心理状态术语使用情况：

数量（如：多、中等、少）：__________　类型：____________

③提及他人使用情况：

数量（如：多、中等、少）：__________　类型：____________

④其他：（备注）

____

第二部分：自由游戏记录纸

玩具游戏1：厨房玩具

进入游戏状态的时长：__________________________________

整个游戏时长：________________________

游戏情况记录：

①亲子互动情况（如：互动多、少；语言交流情况：丰富、少等）

____

②心理状态术语使用情况：

数量（如：多、中等、少）：__________　类型：__________

③提及他人使用情况：

数量（如：多、中等、少）：__________　类型：__________

④其他（备注）：

____

玩具游戏2：打扫卫生玩具

进入游戏状态的时长：________________________

整个游戏时长：________________________

游戏情况记录：

①亲子互动情况（如：互动多、少；语言交流情况：丰富、少等）

____

②心理状态术语使用情况：

数量（如：多、中等、少）：__________　类型：__________

③提及他人使用情况：

数量（如：多、中等、少）：__________　类型：__________

④其他：（备注）

____

（三）依恋Q分类结果记录纸

儿童姓名：______　性别：______儿童早年的抚养者：__________

完成依恋Q分类的家长：A. 妈妈

记录员：______________　填写时间：______________

注意：

从左到右依次为：第一组、第二组、第三组……第九组。

第一组为“最不典型”特征，第九组为“最典型”特征。每组均10张卡片。

结果记录：

第一组所有的卡片号（10个）

____

第二组所有的卡片号（10个）

____

第三组所有的卡片号（10个）

____

第四组所有的卡片号（10个）

____

第五组所有的卡片号（10个）

____

第六组所有的卡片号（10个）

____

第七组所有的卡片号（10个）

____

第八组所有的卡片号（10个）

____

第九组所有的卡片号（10个）

____

（四）幼儿同伴交往能力量表

幼儿姓名：______________ 幼儿班级：______________

尊敬的老师：

您好，请您根据下列叙述来评价幼儿，看句子中的内容与这名孩子的实际情况是否符合，并在恰当的数字上打“√”。由于答案不存在对与错，所以请您务必根据自己的真实感受及想法如实填写。对您的真诚合作，我们表示由衷的感谢。

如果完全不符合，即他根本不是这样，请在1上打“√”；如果不太符合，即他基本上不是这样，请在2上打“√”；如果比较符合，即他基本上是这样，请在3上打“√”；如果完全符合，即他总是这样，请在4上打“√”。

1. 主动把自己介绍给新伙伴。	1	2	3	4
2. 好打抱不平。	1	2	3	4
3. 能对自己的容貌、才能做出正确评价。	1	2	3	4
4. 会使用微笑、拍手、点头等体态语。	1	2	3	4
5. 经常一个人独自待着。	1	2	3	4
6. 从不发表自己的意见。	1	2	3	4
7. 乐于助人。	1	2	3	4
8. 不肯把自己的东西借给别人。	1	2	3	4
9. 能组织一群孩子一起活动。	1	2	3	4
10. 进入陌生班级时情绪紧张。	1	2	3	4
11. 能用准确、简单的语言解释自己的行为，为自己辩解。	1	2	3	4
12. 能很快领会同伴的意图。	1	2	3	4
13. 只要可能，就尽量避开其他小朋友。	1	2	3	4
14. 常常受到同伴的冷落。	1	2	3	4
15. 觉察同伴的情绪变化，善解人意。	1	2	3	4
16. 关心不快乐或受到伤害的小朋友，对别人的不利处境（如生病、伤残）能产生同情。	1	2	3	4
17. 见面熟。	1	2	3	4
18. 有幽默感。	1	2	3	4
19. 能完整地说出自己的姓名、性别、父母姓名、工作单位和家庭住址。	1	2	3	4
20. 会使用礼貌语。	1	2	3	4
21. 忧郁，性情压抑、退缩。	1	2	3	4
22. 与其他小朋友在一起时感到不自在。	1	2	3	4
23. 与1—2名同伴有亲密的关系，会关心他们，同伴不在时会想念他们。	1	2	3	4
24. 能够与被拒绝幼儿和孤立幼儿相处。	1	2	3	4

（五）师生关系量表

儿童姓名：________________　　　　　　班级：__________________

尊敬的老师：

您好，首先感谢您对我们研究的支持。下面请根据您目前和这个孩子的关系对下列陈述进行判断，根据与实际情况的符合程度做出选择（其中1表示“完全不符合”，2表示“不太符合”，3表示“不能确定”，4表示“比较符合”，5表示“完全符合”），并在每个题目后面标上相应数字，例如：比较符合，就写成④。请您如实填写，我们将对您的数据严格保密。

1. 我和这个孩子之间的关系亲密而且感情深厚。
2. 这个孩子和我似乎总是在相互对抗。
3. 如果这个孩子情绪低落，他（她）会向我寻求安慰。
4. 我跟这个孩子有一些身体上的接触或亲密动作的时候，他（她）会感到不自在。
5. 这个孩子珍惜他（她）和我之间的关系。
6. 当我纠正这个孩子错误的时候，他（她）会伤心或觉得不好意思。
7. 当我表扬这个孩子的时候，他（她）会自豪地微笑。
8. 这个孩子对于和我的分离有强烈的反应。
9. 这个孩子会很自然地把有关他（她）自己的一些信息分享给我听。
10. 这个孩子过于依赖我。
11. 这个孩子容易对我生气。
12. 这个孩子会努力地去取悦我。
13. 这个孩子觉得我对他（她）不公平。
14. 这个孩子在其实并不需要帮助的时候也会向我求助。
15. 体察这个孩子的感受对我来说是容易的。
16. 这个孩子把我看成是惩罚和批评的源泉。
17. 当我和其他小孩待在一起的时候，这个孩子会表现出伤心或嫉妒。
18. 这个孩子在受到惩罚之后会一直生气或产生抵触情绪。
19. 这个孩子做了错事的时候，对我的脸色或语气，他（她）能做出相应的回应。
20. 与这个孩子的相处耗尽了我的精力。
21. 我注意到这个孩子会模仿我的行为或做事的方式。

续表

22. 当这个孩子心情不好的时候，我就知道这一天对我们俩来说将会漫长而又难熬。
23. 这个孩子对我的情绪会突然发生变化，或者让我难以捉摸。
24. 尽管我尽了最大的努力，可是我对自己和这个孩子的相处还是感到不舒服。
25. 这个孩子想从我这儿得到什么东西的时候，他（她）会哼哼唧唧或者哭起来。
26. 这个孩子会跟我要花招，或者来操纵我。
27. 这个孩子会坦诚地与我分享他（她）的心情和体验。
28. 和这个孩子的相处让我感到自己作为一名教师是自信而称职的。

（六）幼儿社会行为教师评定问卷

幼儿姓名：____________　　幼儿班级：____________

尊敬的老师：

您好，下面是一些有关儿童行为的描述。请您根据这个儿童的实际情况，在每一条描述后面相应的数字上打“√”。其中 0 表示很不符合这个儿童的实际情况；1 表示有点或有时符合孩子的情况；2 表示很符合孩子的情况。答案不分对错，请您根据儿童的实际情况来回答。最后感谢您对我们研究的支持。

题目	很不符合	有点符合	很符合
1. 坐不住，总是跑来跑去、跳上跳下，不能安宁。	0	1	2
2. 心神不宁，心情烦躁。	0	1	2
3. 爱损坏自己或他人的东西。	0	1	2
4. 当别的孩子摔疼或受伤时，会主动帮助他们。	0	1	2
5. 常与其他孩子打架。	0	1	2
6. 忧虑，担心很多事情。	0	1	2
7. 主动帮助别的孩子捡东西。	0	1	2
8. 喜欢一个人单独玩，不喜欢和别人一起玩。	0	1	2
9. 容易激动、发脾气。	0	1	2
10. 看上去不快乐，压抑，可怜兮兮的。	0	1	2
11. 常邀请别的孩子和他或她一起玩。	0	1	2

续表

12. 不听话，要他或她做什么事情都要反抗。	0	1	2
13. 很难集中注意力。	0	1	2
14. 对新的东西或陌生的环境感到害怕。	0	1	2
15. 当别的孩子烦恼不安时，会去安慰他们。	0	1	2
16. 过分挑剔，喜欢吵人。	0	1	2
17. 说谎话。	0	1	2
18. 当别的孩子摔疼或受伤时，表示同情。	0	1	2
19. 欺负别的孩子。	0	1	2
20. 不让别的孩子玩他或她的玩具。	0	1	2
21. 帮助老师和别人收拾玩具。	0	1	2
22. 做了坏事怪别人，推卸责任。	0	1	2
23. 情绪紧张、不安。	0	1	2
24. 帮助生病的孩子。	0	1	2
25. 打别人；踢别人；或咬别人。	0	1	2
26. 称赞别人，说别人的好话。	0	1	2
27. 看着天空发呆。	0	1	2
28. 胆小，害怕。	0	1	2
29. 能力很强。	0	1	2
30. 当别的孩子有困难的时候，会去帮助他们。	0	1	2
31. 别的孩子喜欢和他或她一起玩。	0	1	2

（七）家庭基本环境问卷

尊敬的家长：

您好。本问卷仅为进行科学研究而设计，我们将对您的答案严格保密，您的回答不会对您的工作及生活造成任何影响。答案不分对错，只需真实作答。您是否真实回答将会直接影响到调查结果的真实性和准确性，因此，请您务必根据自己的真实感受及想法如实填写。对您的真诚合作，我们表示由衷的感谢。

在回答问卷之前，请您认真地阅读下面的指导语：

父母的育儿态度和育儿方式对子女的发展和成长是至关重要的，为了更好地教育幼儿，使您的孩子全面发展，请您根据问卷题目如实填写

（以平时行为为准，不做过多考虑）。您的回答没有好坏之分，对您的孩子没有丝毫的影响。问卷由很多题目组成，你们的回答可以用1、2、3、4四个等级表示，其中1表示从不；2表示偶尔；3表示经常；4表示总是。请你们分别在每题后面的括号里填上最适合自己的等级（父亲、母亲分别填写，请勿代写），每题只准选1个答案。

如果孩子幼小时候父母离异，或因其他原因一方未能填写，有些问题可以不回答。如果是独生子女，没有兄弟姐妹，相关的题目可以不答。下面举例说明对每个题目的回答方法。

您常常打你的孩子吗？		从不	偶尔	经常	总是
	父亲：	1	2	3	4
	母亲：	✓1	2	3	4

幼儿姓名：______ 性别：______ 年龄：______ 班级：______

独生子女：是（ ）否（ ）

1. 一起居住的家庭成员：A. 母亲 B. 父亲 C. 爷爷（或外公）
D. 奶奶（或外婆） E. 兄弟姐妹
F. 其他：

2. 周一到周五期间，父亲与孩子每天一起交谈或游戏的时间：
A. 1小时以下 B. 1—2小时 C. 2—3小时 D. 3小时以上

3. 周一到周五期间，母亲与孩子每天一起交谈或游戏的时间：
A. 1小时以下 B. 1—2小时 C. 2—3小时 D. 3小时以上

4. 周末，父亲与孩子每天一起交谈或游戏的时间：
A. 1小时以下 B. 1—3小时 C. 3—5小时 D. 5小时以上

5. 周末，母亲与孩子每天一起交谈或游戏的时间：
A. 1小时以下 B. 1—3小时 C. 3—5小时 D. 5小时以上

6. 父亲文化程度：A. 初中 B. 高中（含中专、技校、职高）
C. 专科（含函大、成教、自考） D. 本科 E. 硕士 F. 博士

7. 父亲职业：A. 公司职员 B. 教师【（1）幼儿园（2）中小学（3）大学】
C. 医生或护士 D. 律师 E. 行政人员 F. 军人
G. 商人 H. 农民 I. 未就业 J. 其他

8. 母亲文化程度：A. 初中　B. 高中（含中专、技校、职高）　C. 专科（含函大、成教、自考）　D. 本科　E. 硕士　F. 博士

9. 母亲职业：A. 公司职员　B. 教师【（1）幼儿园（2）中小学（3）大学】　C. 医生或护士　D. 律师　E. 行政人员　F. 军人　G. 商人　H. 农民　I. 未就业　J. 其他

10. 父亲的月总收入：A. 500 元以下　B. 500—1000 元　C. 1001—2000 元　D. 2001—3500 元　E. 3501—5000 元　F. 5000 元以上

11. 母亲的月总收入：A. 500 元以下　B. 500—1000 元　C. 1001—2000 元　D. 2001—3500 元　E. 3501—5000 元　F. 5000 元以上

（八）父母教养方式问卷

尊敬的家长：您好。本问卷仅为进行科学研究而设计，我们将对您的答案严格保密，您的回答不会对您的工作及生活造成任何影响。答案不分对错，只需真实作答。您是否真实回答将会直接影响到调查结果的真实性和准确性，因此，请您务必根据自己的真实感受及想法如实填写。对您的真诚合作，我们表示由衷的感谢。

在回答问卷之前，请您认真的阅读下面的指导语：

父母的育儿态度和育儿方式对子女的发展和成长是至关重要的，为了更好地教育幼儿，使您的孩子全面发展，请您根据问卷题目如实填写（以平时行为为准，不做过多考虑）。您的回答没有好坏之分，对您的孩子没有丝毫的影响。

问卷有很多题目组成，你们的回答可以用 1、2、3、4 四个等级表示，其中 1 表示从不；2 表示偶尔；3 表示经常；4 表示总是。请你们分别在每题后面的括号里填上最适合自己的等级（父亲、母亲分别填写，请勿代写），每题只准选 1 个答案。

如果孩子幼小时候父母离异，或因其他原因一方未能填写，有些问题可以不回答。如果是独生子女，没有兄弟姐妹，相关的题目可以不答。下

面举例说明对每个题目的回答方法。

您常常打你的孩子吗？

	从不	偶尔	经常	总是
父：	1	2	3	4
母：	1	2	3	4

题　目：

1. 孩子觉得我干涉他（她）所做的每一件事。

2. 孩子能通过我的言谈表情感受我很喜欢他（她）。

3. 与孩子的兄弟姐妹相比，我更宠爱他/她（如果是独生子女，则不回答此题）。

4. 孩子能感到我对他（她）的喜爱。

5. 即使是很小的过失，我也惩罚孩子。

6. 我总试图潜移默化地影响孩子，使孩子成为出类拔萃的人。

7. 孩子觉得我允许他（她）在某些方面有独到之处。

8. 我能让孩子得到其他兄弟姐妹得不到的东西（如果是独生子女，则不回答此题）。

9. 我对孩子的惩罚是公平的、恰当的。

10. 孩子觉得我对他（她）很严厉。

11. 我总左右孩子该穿什么衣服或该打扮成什么样子。

12. 我不允许孩子做一些其他孩子可以做的事情，因为我害怕孩子出事。

13. 在孩子小时候，我曾当着别人的面打他（她）或训斥他（她）。

14. 我总是很关注孩子晚上干什么。

15. 当遇到不顺心的事时，孩子能感到我在尽量鼓励他（她），使孩子得到一些安慰。

16. 我总是过分担心孩子的健康。

17. 我对孩子的惩罚往往超过了他（她）应受的程度。

18. 如果孩子在家里不听吩咐，我就会恼火。

19. 如果孩子做错了什么事，我总是以一种伤心样子使他（她）有一种犯罪感或负疚感。

20. 孩子觉得我难以接近。

21. 我在别人面前唠叨一些孩子说过的话或做过的事，这使孩子感到很难堪。

22. 孩子觉得我更喜欢他（她），而不是他（她）的兄弟姐妹。

23. 在满足孩子需要的东西上，我是很小气的。

24. 我常常很在乎孩子取得的分数。

25. 如果面临一项困难的任务，孩子能感到来自我的支持。

26. 孩子在家里往往被当作“替罪羊”或“害群之马”。

27. 我总是挑剔孩子所喜欢的朋友。

28. 我总以为他们的不快是由孩子引起的。

29. 我总试图鼓励孩子，使他（她）成为佼佼者。

30. 我总向孩子表示我是很爱他（她）的。

31. 我对孩子很信任且允许他（她）独自完成某些事。

32. 孩子觉得我很尊重他（她）的观点。

33. 孩子觉得我很愿意跟他（她）在一起。

34. 孩子觉得我对他（她）很小气、很吝啬。

35. 我总是向孩子说类似这样的话“如果你这样做我会很伤心”。

36. 我要求孩子回到家里必须向我说明他（她）在做的事情。

37. 孩子觉得我在尽量使他（她）的青春有意义和丰富多彩。

38. 我经常向孩子表述类似这样的话“这就是我为你日夜操劳而得到的报答吗？”

39. 我常以不能娇惯孩子为借口不满足孩子的要求。

40. 如果不按我所期望的去做，就会使孩子在良心上感觉很不安。

41. 孩子觉得我对他（她）的学习成绩，体育活动或类似的事情有较高的要求。

42. 当孩子感到伤心的时候可以从我那里得到安慰。

43. 我曾无缘无故地惩罚孩子。

44. 我允许孩子做一些他（她）的朋友们做的事情。

45. 我经常对孩子说我不喜欢他（她）在家里的表现。

46. 每当孩子吃饭时，我就劝他（她）或强迫他（她）再多吃一点。

47. 我经常当着别人的面批评孩子既懒惰，又无用。

48. 我常常关注孩子交什么样的朋友。

49. 如果发生什么事情，孩子常常是兄弟姐妹中唯一受责备的一个。

50. 我能让孩子顺其自然的发展。

51. 我经常对孩子粗俗无礼。

52. 有时甚至为一点鸡毛蒜皮的小事，我也会严厉的惩罚孩子。

53. 我曾无缘无故的打过孩子。

54. 我通常会参与孩子的业余爱好活动。

55. 孩子经常挨我的打。

56. 我常常允许孩子到他（她）喜欢去的地方，而我又不会过分担心。

57. 我对孩子该做什么、不该做什么都有严格的限制而且绝不让步。

58. 我常以一种使孩子很难堪的方式对待他（她）。

59. 孩子觉得我对他（她）可能出事的担心是夸大的、过分的。

60. 孩子觉得与我之间存在一种温暖、体贴和亲热的感觉。

61. 我能容忍孩子和我有不同的见解。

62. 我常常在孩子不知道原因的情况下对他（她）大发脾气。

63. 当孩子所做的事取得成功时，他（她）觉得我很为他（她）自豪。

64. 与孩子的兄弟姐妹相比，我常常很偏爱他（她）。

65. 有时即使错误在孩子，我也常常把责任归咎于兄弟姐妹。

66. 我常常拥抱孩子。

后　记

儿童心理理论研究，是三十年来发展心理学领域的研究热点问题。本书是作者近些年从事该领域研究的一些成果。其中的部分内容来自于本人的博士论文，主要是关于心理理论和语言关系的研究部分。有一些内容是作者过去在专业期刊上发表的文章，并根据书稿体系的要求与最新研究进展进行了改写、补充和扩展，如第四、六、七和八章。第七章主要是基于作者所指导的实验室完成的研究课题的内容。本书引用了很多专业文献，在此对原作者表示衷心感谢。

本书能够出版，得益于很多人的帮助、支持与关怀。感谢我的博士导师北京大学心理学系苏彦捷教授在我求学和工作期间对我的指导和帮助。感谢华中师范大学心理学院领导的支持和关怀。周宗奎院长对书稿出版给予了大力支持，百忙之中提出了很多宝贵意见和建议。感谢华中师范大学附属幼儿园的田莉院长、刘玉平副院长以及有关的任课教师。本书的研究内容主要依托华中师大附属幼儿园完成，没有她们的工作支持以及那些可爱的孩子们的配合，要完成有关研究任务是不可能的。我所指导的研究生做了很多工作，包括文献整理、研究实施、数据收集和论文写作。这些同学包括段蕾、商冲晨、李丽、王红敏、钟浩、李淑清、吴晶晶、陶莉莉、贾蒙蒙、李雄、崔巍巍、刘晓晓、欧苏兰、汪茜、朱凤娟、刘理阳、雷文婷、皮忠玲、梁良、闵园园、高凤阳、仇小莉。

本书出版得到了华中师范大学“985”教师教育创新平台建设专项基金的支持。本书的研究工作得到了国家社科基金“十一五”教育规划课题（2009 年国家一般项目“家庭环境和学校环境对儿童心理理论发展的影响”）基金资助。另外，特别感谢中国社会科学出版社的编辑们为此书出版付出的心血和汗水，感谢您们的辛勤工作。

限于作者的水平、精力和时间，本书一定存在很多不足之处，恳请各位专家和读者不吝指正。

莫书亮

2014 年 6 月于武昌桂子山